小事典　暮らしの水

飲む、使う、捨てる水についての基礎知識

建築設備技術者協会　編

ブルーバックス

●装幀：芦澤泰偉事務所
●カバー写真：ⒸR.creation／imaggio
●本文扉・目次デザイン：佐藤暁子
●本文図版：佐藤暁子

はじめに

地球の水は、天から雨として降り注ぎ、大地に染み込み、やがて水源となって河川に流れ出てきます。私たちはその水を浄水処理し、飲み水などに使います。人々に使われて汚れた水は、下水処理されて、河川や海に流されます。そして河川や海の水は蒸発して天に昇り、再び雨となって大地に降り注ぐという輪廻を繰り返しています。

わが国は豊富な雨と地下水に恵まれ、かつては「水と安全はタダ」の国と言われていました。しかし最近ではどちらもなおざりにできない問題になってきています。

安全についてはさておき、たしかに水については、瀬戸内海地方や離島を除いて、質、量ともに恵まれていました。しかし、一九六四年の東京オリンピックの年に関東地方で渇水に見舞われ、とくにトイレの水不足に悩まされたのを皮切りに、その後は関東臨海部や北九州で、しばしば水不足に見舞われるようになっています。

しかも今や私たちは、水を、単に飲んだり洗濯や風呂に使うだけでなく、さまざまな形で利用するようになってきています。

ところが改めて見直すと、これまで水については、おもに飲み水の質の問題ばかりが取り上げられてきました。また上水のみ、下水のみ、建築設備としての給排水衛生設備のみというぐあいに、それぞれが壁を造り、狭い世界で考えがちでした。

私たち建築設備技術者は、生活のさまざまな場面で人と水とを結びつける諸設備を幅広く扱っています。その立場から見た水の姿と設備についてまとめたのが本書です。

第1章では「おいしい水」について。名水と料理やお酒の関係の他、おいしい水道水にするための工夫や浄水器についても見てみます。その土地の水質や水量と、名産の料理やお酒が密接に結びついているのに驚かされるでしょう。

第2章では「健康と水」を取り上げます。特に汚れた水の危険性とその対策について述べました。また水道水の安全基準や非常の際の飲み水の確保についても紹介します。病原性大腸菌O157など、記憶に新しい中毒事件の犯人の正体にも迫ります。

第3章では「水を配る」設備について紹介します。蛇口の向こう、排水口の先がどうなっているかを知っていただきたいと思います。また節水器具など、水を賢く使うための設備についてもお話しします。

第4章では「浴びる水・流す水」として、お風呂とトイレで使う水についてまとめました。お風呂に欠かせない湯沸かし器や太陽熱温水器、今や普及率四〇パーセントに達した温水洗浄便座の仕組みなどを紹介します。

第5章は「排水の行方」です。私たちは飲み水の味や安全性、使う水の質や量にはとことんこだわりますが、流してしまった後の水についてはとかく無関心です。しかし冒頭にも述べたように、水は輪廻を繰り返しています。流した水は巡りめぐって再び私たちに飲まれ、利用されているのです。したがって、飲み水や使う水にこだわるのと同じように、流す水にも関心を持っていただきたいのです。

第6章では「遊ぶ水・親しむ水」としてプールや親水公園、温泉の水などを取り上げます。ふだんの生活の中で、よりよく水と親しむための設備や水質について見てみましょう。たとえば、水族館の巨大水槽の水はどのように調達されるのか、考えてみれば不思議ですね。

第7章は「働く水」です。熱を蓄えたり、奪ったりする水や、水で軟らかなお寿司から硬い金属まで切れ味鋭く切断するなど、水の意外な利用法には驚かれるかもしれません。

そして最後の第8章では「地球の水」として、雨水や河川水、地下水など、自然の水の性質とその利用法を紹介します。また、資源としての水の将来についても言及しました。じつは、地球の資源のうちでもっともその将来があやぶまれているのは、水資源なのです。

こうした内容を、第一線で活躍している専門家が、一般の人にもできるだけわかりやすいように書いたのが本書です。水の姿や役割に興味を持っておられる方々に、最適な読み物となっていれば幸いです。

なお本書をまとめるにあたり、出版全体について建築設備技術者協会の木谷時夫氏、全体の構成について講談社ブルーバックス出版部にお世話になり、厚くお礼申し上げます。

平成一四年八月　　　執筆者を代表して　岡田誠之

●小事典　暮らしの水　飲む、使う、捨てる水についての基礎知識　――もくじ――

第2章　健康と水　43

第3章　水を配る　69

第4章　浴びる水・流す水　99

第5章　排水の行方　123

第6章　遊ぶ水・親しむ水　153

第1章 おいしい水

1－1　「おいしい水」ってどんな水？

名水百選

私たちが生きていくうえで必要不可欠な水も、今や「安全に飲めればいい」という最低条件から脱皮し、「どうせ飲むならおいしい水を」と考える人が増えています。

そのきっかけとなったのが、一九八五年に環境庁が発表した「名水百選」（図1－1）でしょう。「身近な清澄な水であって、古くから地域住民の生活にとけこみ、住民自身の手によって保全活動がなされてきたものを再発見するとともに、これを広く国民に紹介する」ということで、日本各地の湧き水などが発表され、これを境に「おいしい水」ブームがまきおこりました。

一方この頃から、都市部の公営水道は「臭い」「まずい」と評されるようになり、ボトル詰めの「名水」がもてはやされて、デパート、スーパーの店頭に並ぶようになってきました。

おいしさの条件

では、そもそも「おいしい水」ってどんな水なのでしょうか。もちろん、まず飲む人の体調や健康状態が関係します。運動してのどがカラカラになったときや二日酔いの朝の水は、最高にうまいものです。また気温が高く、湿度が低いとき、水を飲む容器や周囲の雰囲気がよいときなど

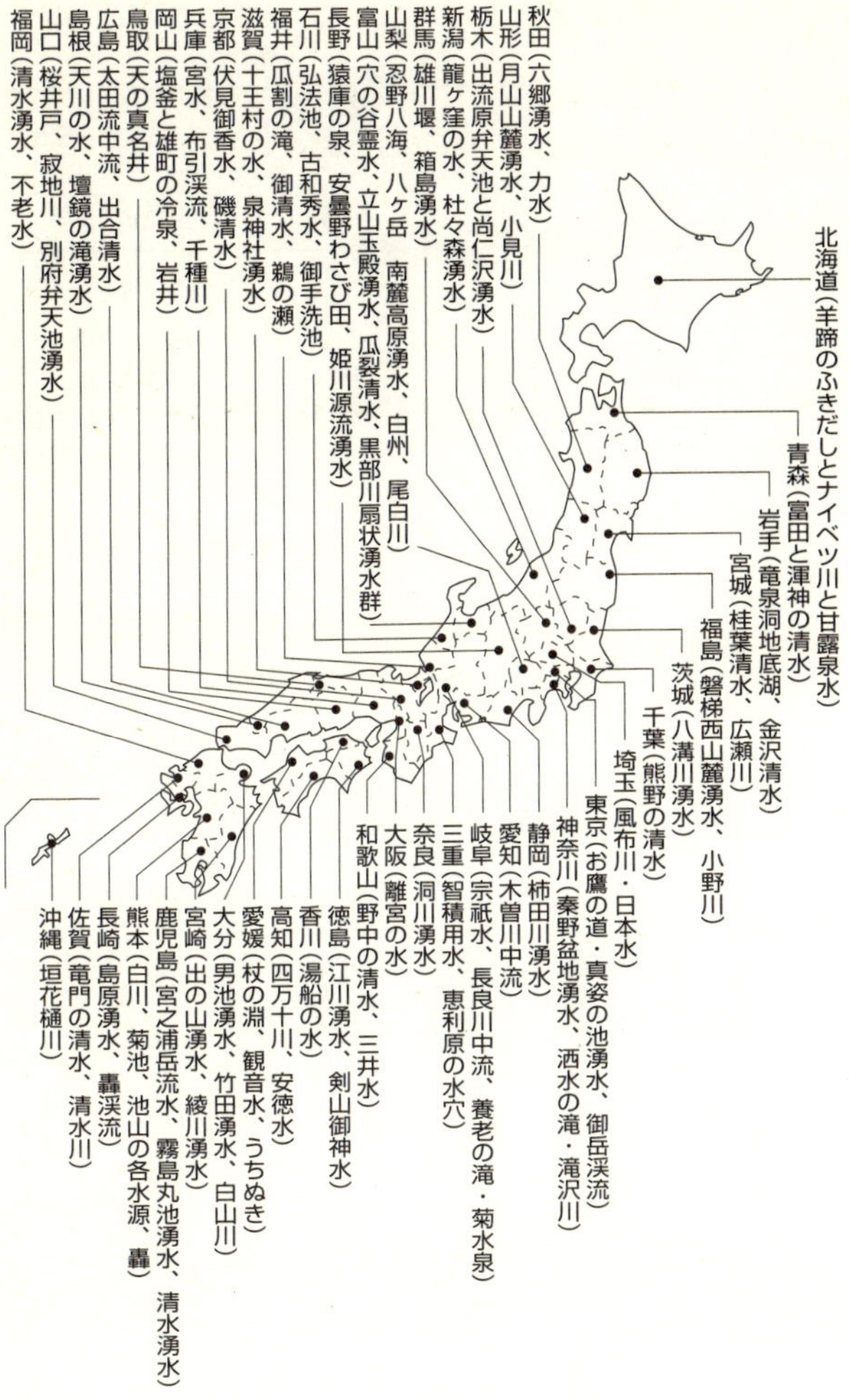
北海道(羊蹄のふきだしとナイベツ川と甘露泉水)
青森(富田と渾神の清水)
岩手(竜泉洞地底湖、金沢清水)
宮城(桂葉清水、広瀬川)
福島(磐梯西山麓湧水、小野川)
茨城(八溝川湧水)
千葉(熊野の清水)
埼玉(風布川・日本水)
東京(お鷹の道・真姿の池湧水、御岳渓流)
神奈川(秦野盆地湧水、洒水の滝・滝沢川)
静岡(柿田川湧水)
愛知(木曽川中流)
岐阜(宗祇水、長良川中流、養老の滝・菊水泉)
三重(智積用水、恵利原の水穴)
奈良(洞川湧水)
大阪(離宮の水)
和歌山(野中の清水、三井水)
徳島(江川湧水、剣山御神水)
香川(湯船の水)
高知(四万十川、安徳水)
愛媛(杖の淵、観音水、うちぬき)
大分(男池湧水、竹田湧水、白山川)
宮崎(出の山湧水、綾川湧水)
鹿児島(宮之浦岳流水、霧島丸池湧水、清水湧水)
熊本(白川、菊池、池山の各水源、轟)
長崎(島原湧水、轟渓流)
佐賀(竜門の清水、清水川)
沖縄(垣花樋川)
秋田(六郷湧水、力水)
山形(月山山麓湧水、小見川)
栃木(出流原弁天池と尚仁沢湧水)
新潟(龍ヶ窪の水、杜々森湧水)
群馬(雄川堰、箱島湧水)
山梨(忍野八海、八ヶ岳南麓高原湧水、白州、尾白川)
富山(穴の谷霊水、立山玉殿湧水、瓜裂清水、黒部川扇状湧水群)
長野(猿庫の泉、安曇野わさび田、姫川源流湧水)
石川(弘法池、古和秀水、御手洗池)
福井(瓜割の滝、御清水、鵜の瀬)
滋賀(十王村の水、泉神社湧水)
京都(伏見御香水、磯清水)
兵庫(宮水、布引渓流、千種川)
岡山(塩釜と雄町の冷泉、岩井)
鳥取(天の真名井)
広島(太田流中流、出合清水)
島根(天川の水、壇鏡の滝湧水)
山口(桜井戸、寂地川、別府弁天池湧水)
福岡(清水湧水、不老水)

図1-1　日本の名水百選

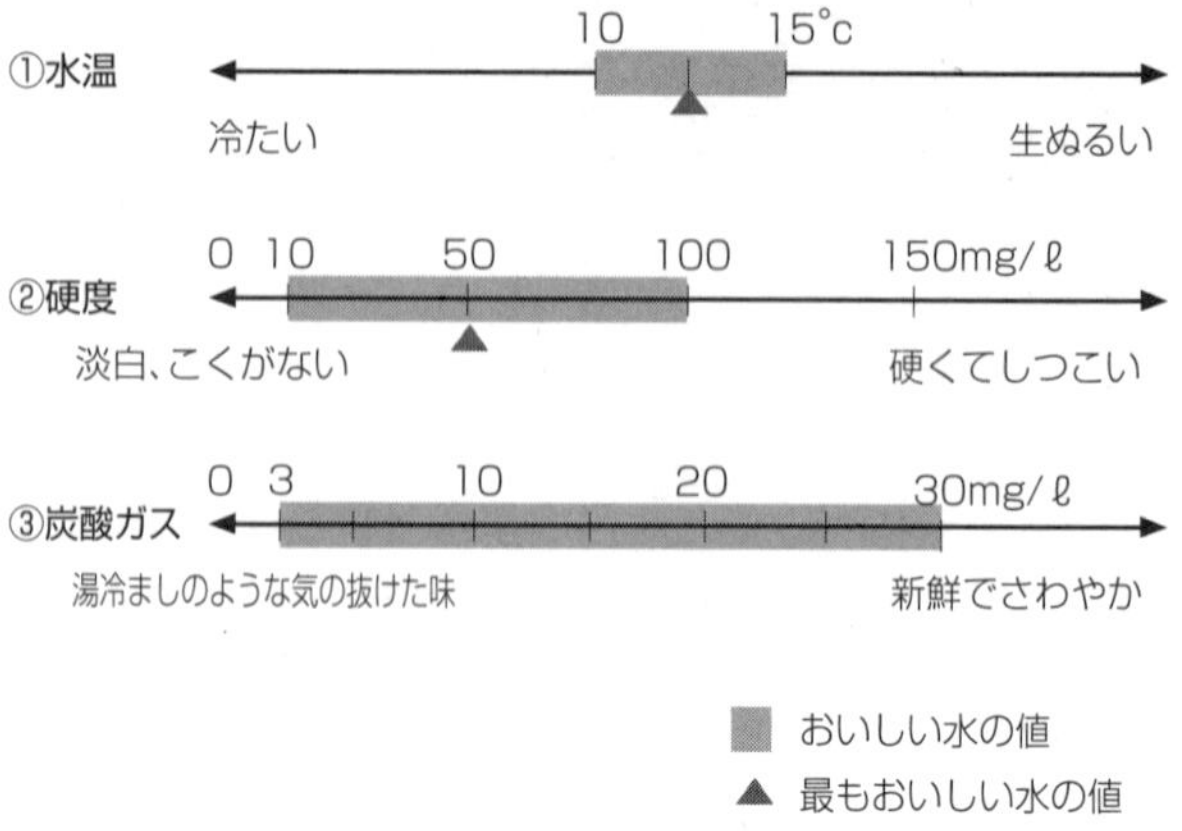
①水温
10
15°c
冷たい
生ぬるい
②硬度
0
10
50
100
150mg/ℓ
淡白、こくがない
硬くてしつこい
③炭酸ガス
0
3
10
20
30mg/ℓ
湯冷ましのような気の抜けた味
新鮮でさわやか
おいしい水の値
最もおいしい水の値

図1－2　おいしい水の条件

もおいしい水の条件です。しかしこれらはあくまでも主観的なものです。

おいしい水の客観的な（数値で表せる）条件は次のようなものとされています（図1-2）。

①水温が体温に比べて二〇～二五度C程度低い（一〇～一五度C）。

②硬度、すなわちカルシウムやマグネシウムなどのミネラル成分の量が、一リットルあたり一〇～一〇〇ミリグラム程度含まれている。ミネラル量があまり高いと、苦みを感じる人がいる。

③溶けている炭酸ガス（遊離炭酸）の量が、一リットルあたり、三～三〇ミリグラム程度。このような水はさわやかな味を感じるが、遊離炭酸が多すぎると刺激が強くなる。

④嫌なにおいがない。水源の状況によってかび臭かったり、鉄やマンガンが多いと金気臭を

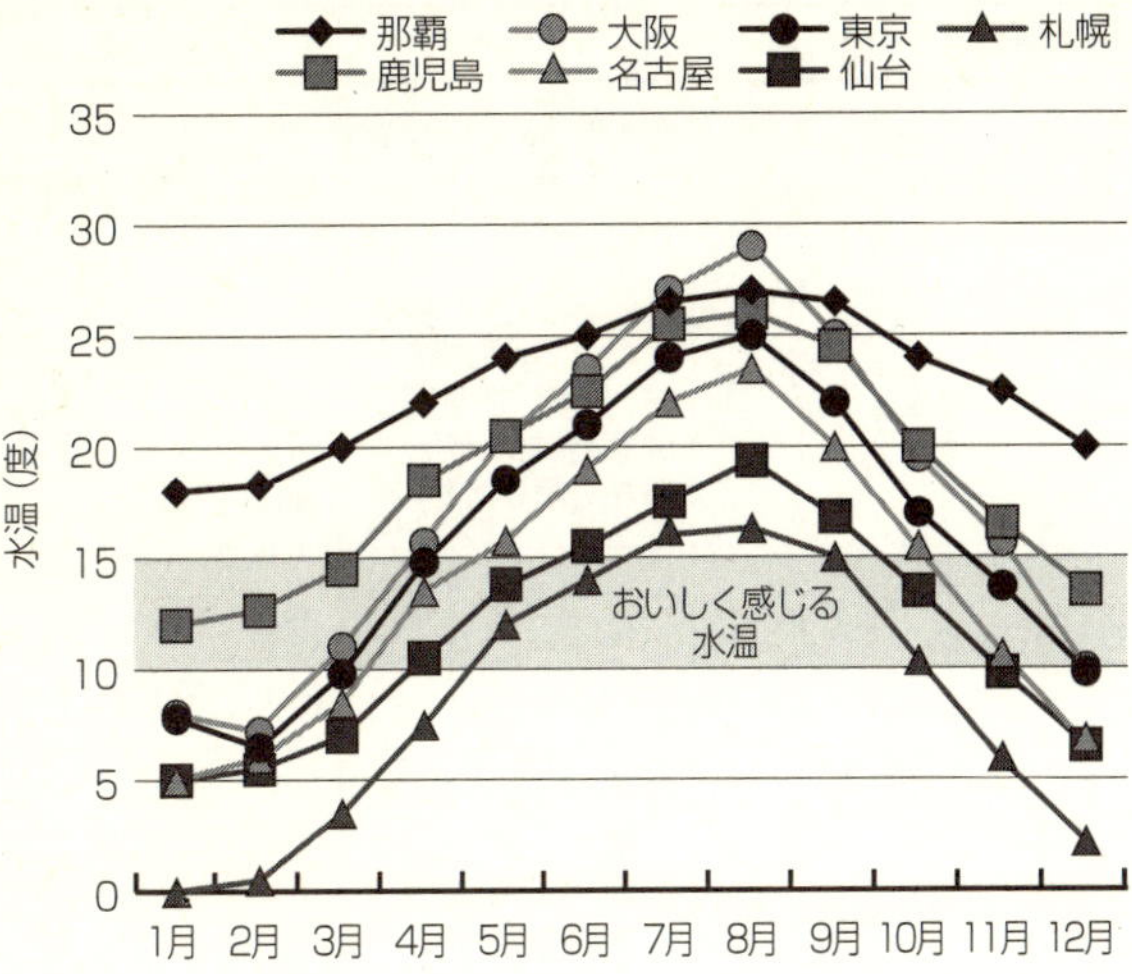
那覇
大阪
東京
札幌
鹿児島
名古屋
仙台
35
30
25
20
15
10
5
0
水温（度）
おいしく感じる
水温
1月
2月
3月
4月
5月
6月
7月
8月
9月
10月
11月
12月

図１－３　水道水の月別水温予測

感じる。専門的な尺度としては臭気三度（通常、臭気を感じない程度）以下。

このほかにもさまざまな条件があります。たとえば塩素イオン濃度が高いと塩辛い味がし、硫酸イオンが高いと渋みが出ます。

もちろん、これらの数値はあくまでも平均的なもので、実際に飲んでおいしいと感じる水がすべてこの範囲に入るとはかぎりません。ペットボトルに詰めて売られている水にも、数値からはみ出す水もあります。

水道水の水温

水道水の味の悪さは水温も影響しているかもしれません。水道水の水温は、時々刻々と変化していて、どこの水道の水温は何度とは一概にいえませんが、地域別の水道水の月別予想水温は図１－３のようになっています。

分類	品名	原水	処理方法
ナチュラルウォーター	ナチュラルウォーター	特定水源より採水された地下水	濾過、沈殿、および加熱殺菌に限る
	ナチュラルミネラルウォーター	特定水源より採水された地下水のうち、地下で滞留又は移動中に無機塩類が溶解したもの	
ミネラルウォーター	ミネラルウォーター	ナチュラルミネラルウォーターの原水と同じ	濾過、沈殿、および加熱殺菌以外に次に掲げる処理を行ったもの 複数の原水の混合、ミネラル分の調整、曝気、オゾン殺菌、紫外線殺菌等
ボトルドウォーター	ボトルドウォーター又は飲用水	飲用適の水 純水、蒸留水、河川の表流水、水道水等	処理方法の限定はない

図1－4　容器入り飲料水の分類

これによれば、たしかに、おいしい水の条件からはずれる高い水温の水道水があります。

　ちなみに、水道水の一日の平均水温は、二日から四日前の日の平均気温と関係が深いことがわかっています。さらに受水槽や高置水槽などがある建物の水温は、それらの水槽や給水管の設置場所によって、外気などの周囲温度や日射の影響によって変化します。

ペットボトルの水

　ペットボトル詰めの水は、国産品から高級ブランドとされる輸入品まで、さまざまな商品がデパート、スーパーなどで山積みにされています。それらにはミネラルウォーター、ナチュラルウォーター、ボトルドウォーター……などなどいろいろな名がついていて、消費者は混乱してしまいます。

わが国の容器入り飲用水については、農林水産省が図1-4のように分類しています。また衛生面では、厚生労働省が食品衛生法によって「清涼飲料水」に含めて成分規格や製造基準を定めています（図1-5）。

1．混濁：認めない
2．沈殿物又は固形の異物：認めない
3．ヒ素、鉛及びカドミウム：検出しない
　スズ：150.0ppm以下
4．大腸菌群が陰性でなければならない
5．ミネラルウォーター類は、容器包装内の二酸化炭素圧力が20℃で0.1MPa（約1.0kg/㎠）未満であって、かつ、殺菌又は除菌を行わないものにあっては、腸球菌および緑膿菌が陰性でなければならない

項目	基準値
一般細菌	1mℓで集落数が100以下
大腸菌群	検出されないこと（50mℓ中）
カドミウム	0.01mg/ℓ以下
水銀	0.0005mg/ℓ以下
セレン	0.01mg/ℓ以下
鉛	0.05mg/ℓ以下
ヒ素	0.05mg/ℓ以下
六価クロム	0.05mg/ℓ以下
シアン	0.01mg/ℓ以下
銅	1mg/ℓ以下

（抜粋）

図1-5　ミネラルウォーターの成分規格と製造基準

製造基準はスペースの関係で全文を記載していませんが、「泉源から直接採水され自動的に充填、密栓されたもの」などは、殺菌または除菌を必ずしも要しないとなっています。

これは一九九七年六月に採択されたナチュラルミネラルウォーターの国際規格にもとづくもので、ナチュラルと銘打っている以上、あくまでも「自然」という観点を重視し、加熱殺菌やオゾン殺菌はしなくてもよいこ

とになっています。

ペットボトルの水の汚染

このような基準があるにもかかわらず、「ボトル詰めの水から異物発見！」というニュースもあります。ある年の東京都衛生局の集計によると、真菌（カビ）が二八銘柄、細菌の塊が一二銘柄、プラスチック片が一〇銘柄、藻類が六銘柄、ダニの死骸が一銘柄と、さまざまな異物の混入が報告されています。

実際には、これらの異物のほとんどは人体に有害なものではありません。ただし、抵抗力の弱い子どもや老人、病弱な人が感染すると発病する病原性微生物や、レジオネラ菌（112ページ参照）などの細菌が検出された例もまれにあります。

異物が発見された場合は、食品衛生法によって直ちに店頭から回収されることになっていますが、みなさんも品質保持期限の確認や、開封後は冷蔵保存し早めに消費するなどを心がけてください。

1－2　料理に合った水がある

硬水と軟水

ペットボトルの水でもわかるように、一般に外国の水は日本の水に比べてミネラル分が豊富です。ミネラル分のうち、カルシウムイオンとマグネシウムイオンの合計量を、同じはたらきをする炭酸カルシウム量に換算して、一リットル中に何ミリグラムあるかを「硬度」で表します。通常二〇〇度以上を「硬水」、一〇〇度未満を「軟水」といいます。

軟水の料理法

料理は水によって決まりますから、日本のような軟水のところと、ヨーロッパや中国のように硬水の多いところでは、伝統の料理法に大きな違いが出てきます。

日本料理は軟水を有効に使って炊く、煮る、茹でる、蒸すなどすべて水から始まり、水で終わります。一方ヨーロッパでは、硬水をそのまま使えないため、油で炒めたり、水蒸気を利用して少量の水で蒸し煮にしたり、野菜自体から出てくる水分を利用しています。たとえばイタリア料理では、水分が九五パーセントもあるトマトがふんだんに使われています。ジャガイモも、日本では水をたっぷり使って茹でるのに対し、ヨーロッパでは蒸し煮にします。

軟水の日本では、米は水に入れて炊きます。硬水で炊くと黄色くバサバサした口当たりの悪いものになります。カルシウムには食物繊維を硬くさせる作用があるためです。したがって硬水のヨーロッパや中国では、ちまきのように炒めた米を竹皮に包んで蒸したり、炒めてピラフにしたりするわけです。

硬水で豆を煮たり、ジャガイモを煮たりするとゴリゴリになってしまいます。植物の組織細胞には多糖類のペクチン酸が多く含まれており、これがカルシウムやマグネシウムと結合すると細胞が硬くなってしまいます。

また、ダシをとるのも軟水の日本ならではの料理法です。硬水ではダシをとることができません。かつおぶし、こんぶなどのダシ成分になるアミノ酸やペプチドが、硬水中のカルシウムやマグネシウムと結合して固まってしまい、旨味成分が溶け出てこないのです。

硬水の料理法

硬水の多いヨーロッパや中国では、ダシの代わりにぐつぐつと煮込んだスープストックを使います。肉などを長時間煮込むと、肉に含まれるコラーゲンという不溶性のたんぱく質が、水溶性のたんぱく質であるゼラチンに変わります。このゼラチンがカルシウムやマグネシウムと結びつき固まってしまい、アクとしてスープストックの上に浮いてきます。これをすくい取って、水からカルシウムやマグネシウムを取り除くことができるのです。

ただし同じ野菜でも、ほうれん草は硬水で煮たほうがアクが抜け、苦味がなくやわらかに仕上がります。

また同じ日本でも、水の硬度が高い沖縄では、水を使わずに油で炒めたり、肉を煮込んだりする料理が多いのです。

「お茶」のいろいろ

お茶やコーヒーも、おいしくいれるには水を選ばなくてはなりません。

日本では緑茶が人気ですが、イギリスでは紅茶、中国ではウーロン茶などが好まれています。

緑茶は茶葉を発酵させないで、紅茶は発酵させて、中国茶の中でもよく飲まれているウーロン茶は半発酵させて作ります（次ページ図1－6）。それぞれのお茶は発酵程度が違いますが、いずれもお湯に成分を抽出するため、おいしく飲むには軟水が向いています。

これに対してコーヒーは、硬水でもおいしくいれられます（29ページ参照）。

緑茶

緑茶の味を悪くするものとしては鉄、カルシウム、マグネシウムなどがあります。鉄は茶のタンニンと結合して茶の色を黒くし、味も悪くします。カルシウムがあると茶の味、渋味の重要な成分であるタンニンが溶け出てきません。マグネシウムが多いとまろやかさを損ない味が悪くなります。したがってこれらを多く含む硬水は緑茶には適しません。

また水をそのまま飲むなら多少の二酸化炭素が含まれているほうがおいしいのですが、茶を入れるときはよく沸騰させ、二酸化炭素を抜いたほうがよいのです。

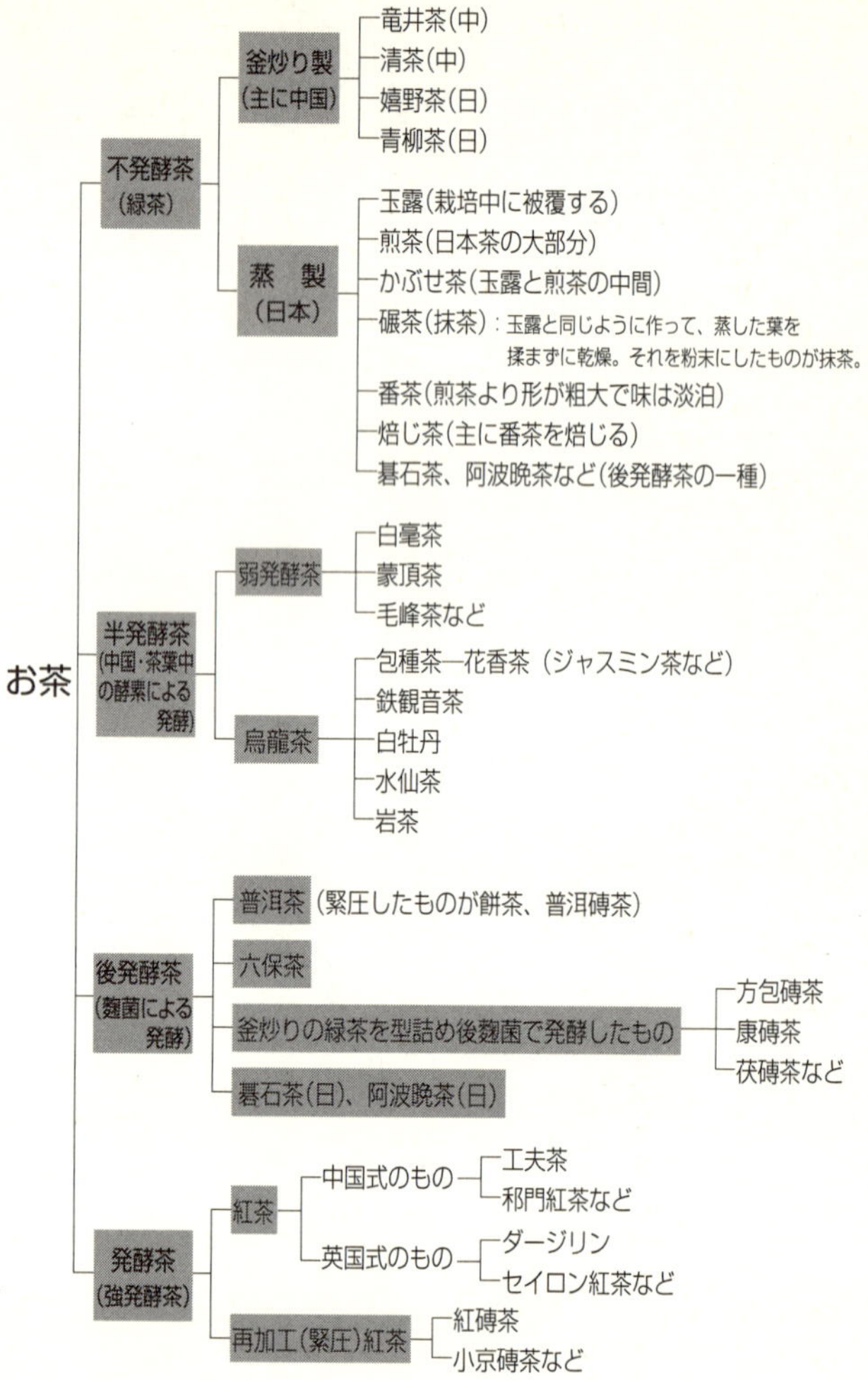
お茶
不発酵茶（緑茶）
釜炒り製（主に中国）
竜井茶（中）
清茶（中）
嬉野茶（日）
青柳茶（日）
蒸　製（日本）
玉露（栽培中に被覆する）
煎茶（日本茶の大部分）
かぶせ茶（玉露と煎茶の中間）
碾茶（抹茶）：玉露と同じように作って、蒸した葉を
揉まずに乾燥。それを粉末にしたものが抹茶。
番茶（煎茶より形が粗大で味は淡泊）
焙じ茶（主に番茶を焙じる）
碁石茶、阿波晩茶など（後発酵茶の一種）
半発酵茶（中国・茶葉中の酵素による発酵）
弱発酵茶
白毫茶
蒙頂茶
毛峰茶など
烏龍茶
包種茶—花香茶（ジャスミン茶など）
鉄観音茶
白牡丹
水仙茶
岩茶
後発酵茶（麹菌による発酵）
普洱茶（緊圧したものが餅茶、普洱磚茶）
六保茶
釜炒りの緑茶を型詰め後麹菌で発酵したもの
方包磚茶
康磚茶
茯磚茶など
碁石茶（日）、阿波晩茶（日）
発酵茶（強発酵茶）
紅茶
中国式のもの
工夫茶
祁門紅茶など
英国式のもの
ダージリン
セイロン紅茶など
再加工（緊圧）紅茶
紅磚茶
小京磚茶など

図1－6　お茶の分類

湯の温度と時間によって抽出される成分が変わり、お茶の味が変わります。たとえば甘みのあるテアニンは低い温度で時間をかけて、渋みのあるカテキンは高温で短時間に溶け出します。

水道水で緑茶を入れる場合、まず一～二時間汲み置きします。カルキのにおいは沸点以下でも蒸発するのでグラグラ沸かさず、ゆっくりと加熱します。最後にやかんの蓋を取って三分ほど沸騰させます。しかし沸かしすぎは、水中のカルシウム分が抽出されかえってよくありません。

番茶、ほうじ茶は熱湯で三〇秒から一分、煎茶は六〇度C前後の湯で一分程度、玉露は約五〇度Cで二分くらいで抽出するとおいしいお茶が飲めます。ぬるめといっても、沸騰した湯の温度を下げて使うようにしてください。

抽出時間は、番茶、ほうじ茶は一煎目より二煎目を長く、玉露、煎茶は逆に二煎目を短くします（図1-7）。

茶の種類	湯の温度		抽出時間	
	夏期	厳冬	1煎目	2煎目
玉露	46～52℃	50～55℃	2～3分	1～1分30秒
煎茶	50～60℃	60～70℃	1～2分	40秒～1分
番茶	熱湯		30秒	1分
ほうじ茶	熱湯		30秒	1分

図1-7　お湯の温度と抽出時間

『茶　茶　茶』南廣子（淡交社）

紅茶

紅茶も、硬水でいれるとカルシウムが茶葉から溶け出すタンニン量を減らし、色が薄くなって香りも落ちます。鉄分が多いとタンニンが化合して色が黒くなってしまいます。

紅茶の茶葉は、沸騰した湯の中で上下に茶葉が対流しながら成分が抽出されます。あらかじめティーポットを温めておき、沸騰したての湯を使って入れます。よく沸騰していない湯では、二酸化炭素や塩素が残っていておいしく出ません。

中国茶

中国茶も水道水を使う場合は、完全に沸騰させます。ウーロン茶は半発酵して作られるため、高温の湯でなければ独特の香味は引き出せません。一番煎じは熱湯で入れ、茶葉を柔らかくほぐしてアクを取るため、飲まずに捨てます。それからもう一度熱湯を注いで二〜三分置きます。

二煎、三煎と煎を重ねるごとに抽出時間を長くしていきます。テレビなどで中国の会議場の風景を見ると、蓋のついた茶器が各自のテーブルの上に置かれていますが、そこに熱湯が注がれ、何度も飲むことができるのです。

ウーロン茶も軟水のほうがおいしく飲めるのですが、緑茶、紅茶よりも水の持つにおいなどの個性を消す力が強いので、いわゆる水のよくないところではウーロン茶が適しています。日本でウーロン茶が好まれるようになったのも、水道水の水質変化の影響があるのかもしれません。

コーヒー

ヨーロッパは硬水で、そのままでは飲みにくいため、コーヒーが好まれます。挽いたコーヒーの粉には、活性炭のような無数の小さな隙間があります。それに濾過作用があって、水のにおいを吸い取ってくれます。また濃厚な味と香りが、硬水の欠点をカバーしてくれるのです。

これに対してアメリカでは、ヨーロッパに比べれば水の硬度が低いので、ヨーロッパより薄い、いわゆるアメリカンコーヒーが飲まれています。日本では、コーヒーが飲まれるようになったのは明治以降で、水を飲む、水分を補給するということより嗜好品として飲まれるため、比較的濃いコーヒーが飲まれています。

しかし品質のよいコーヒーは、やはり軟水のほうがおいしく飲めます。カルシウムが多すぎると、おいしさのもとになるカフェインや良質タンニンの苦味成分を抽出しにくいからです。したがって浄水器を通した水のほうが適しています。

また、炭酸ガスがいくらか含まれていたほうがコーヒーの味をよくするため、汲んだばかりの水を沸かした湯が最適です。汲み置きの水、瞬間湯沸かし器のお湯、湯ざましの湯を再度沸かした湯は、コーヒーには向きません。

1-3 おいしいお酒ができる水

お酒と水

名水のあるところ銘酒ありといわれています。お酒は水が命です。

日本酒は米麹(こうじ)酵母を加えて発酵させ、さらに蒸し米、麹、水を加えて仕込み、発酵させて糖分とアルコール分を同時に作り出し、固形分(もろみ)を搾り濾過します。これに水と醸造用アルコールを加えたものが一般的な清酒です(図1-8)。

酒造りには大量の水が使われます。仕込み水のほかに、洗米、浸漬用水、洗浄用水など原料白米の一五倍、製品の三〇倍の水が使われますから、水質が重要なわけです。

よいお酒を造るためにとくに必要な水の溶存成分としては、酵母の増殖を促進するカリウムやリン酸、マグネシウム、それに麹から酵素の溶出を助けるカルシウム、塩素があります。本来、米の中にはこれらの成分が水の数倍から数百倍も含まれていますが、米の分解が十分に進んでいない発酵の初期段階では、水の成分が重要になります。

日本酒は、当然、軟水を使いますが、比較的硬度の高い水で造ると、米のデンプンを糖化する麹の働きがより活発になり、発酵のスピードが高まってさっぱりした辛口のお酒になります。反対に硬度の低い水で造った場合は、発酵はじっくりと時間をかけて進むことになり、まろやかに味わい深い甘口のお酒ができます。

お酒造りに使う水では鉄分が禁物です。水に鉄分があるとお酒の色も悪くしてしまいます。その含有量は上水道の基準より一桁低く、一リットルあたり〇・〇二ミリグラム以下とされています。

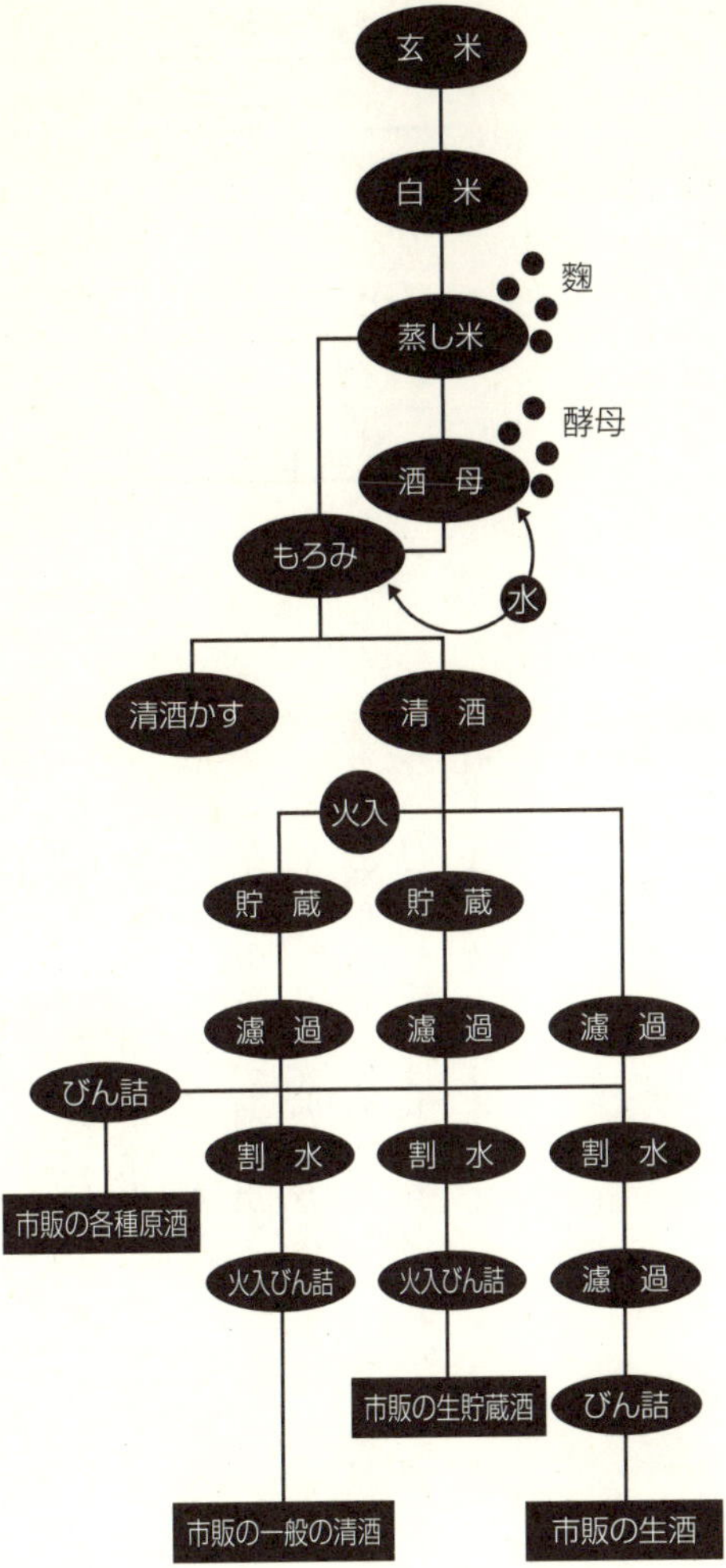

玄米
白米
麹
蒸し米
酵母
酒母
もろみ
水
清酒かす
清酒
火入
貯蔵
貯蔵
濾過
濾過
濾過
びん詰
割水
割水
割水
市販の各種原酒
火入びん詰
火入びん詰
濾過
市販の生貯蔵酒
びん詰
市販の一般の清酒
市販の生酒

図1－8　お酒の造り方

サントリーHP

成分比較（一例）

	宮水	一般井水
硬度	9.0	5.0
カリウム	18.5	7.9
リン	2.0	0.2
塩素イオン	46.0	24.0
鉄	0.003以下	0.05

（単位はmg/ℓ）

図1－9　宮水の成分

菊正宗HP

宮水

灘のお酒造りに使われる水は「宮水」と呼ばれる独特の水です。この水は夙川（つとがわ）の伏流水と、炭酸を多量に含む六甲山からの水、適当な塩分を含む海水と三方からの影響を受けた水が地下で混ざって湧き出てきます。

宮水にはとくにリンがたくさん含まれ、カリウム、カルシウムおよび炭酸分も比較的多く、一方、鉄および窒素分は少ないのです。鉄分は上水道の基準の一〇〇分の一しか含まれていません（図1－9）。

ビール

それでは、洋酒と水の関係はどうでしょうか?

日本酒に限らず、酒造りに水が大切なのは世界共通です。たとえば世界の主流である淡色ビールも、大瓶一本（六三三ミリリットル）を造るのに、大麦を手のひらに二杯（九〇グラム）、ホップの乾燥毬花（きゅうか）を一〇個（一グラム）使うのに対して、水は六〇リットル（六〇キログラム）も必要とします。

また酵母が水中のマグネシウム、カルシウムを栄養源として発酵を進めるため、適度な硬度が必要です。しかし、あまり硬度が高い水では造れません。ビールといえばドイツのミュンヘンが有名ですが、バイエルン・アルプスから流れ出る適度な硬度の水を利用して、昔から独特のビールが造られてきたのです。

ウイスキー

ウイスキー造りの水も、熟成に一〇年、二〇年もの歳月をかけるため、遠い将来にわたって水質が安定し、水源の汚染の恐れがないこと、適度のミネラル分がバランスよく含まれていることが必要です。

ウイスキーは、長い時間をかけて熟成したまろやかできめの細かい味わいや香りが命です。そこで水道水で水割りにすると、その味わいをカルキが一瞬にして消してしまいます。水割りにするなら、水道水はやめて、硬度の低いミネラルウォーターで飲みましょう。ロックで飲むときも、氷の水質に影響されますから、軟水から造った氷にしてください。

ワイン

最後にワインです。ワインはブドウを発酵させて造りますが、ブドウに含まれる糖分と水分だけを使うため、製造段階では水をいっさい加えません。水の硬度が高い地方に適した酒造りの方法です。フランスでは水の硬度が高いため水の代わりにワインが飲まれています。

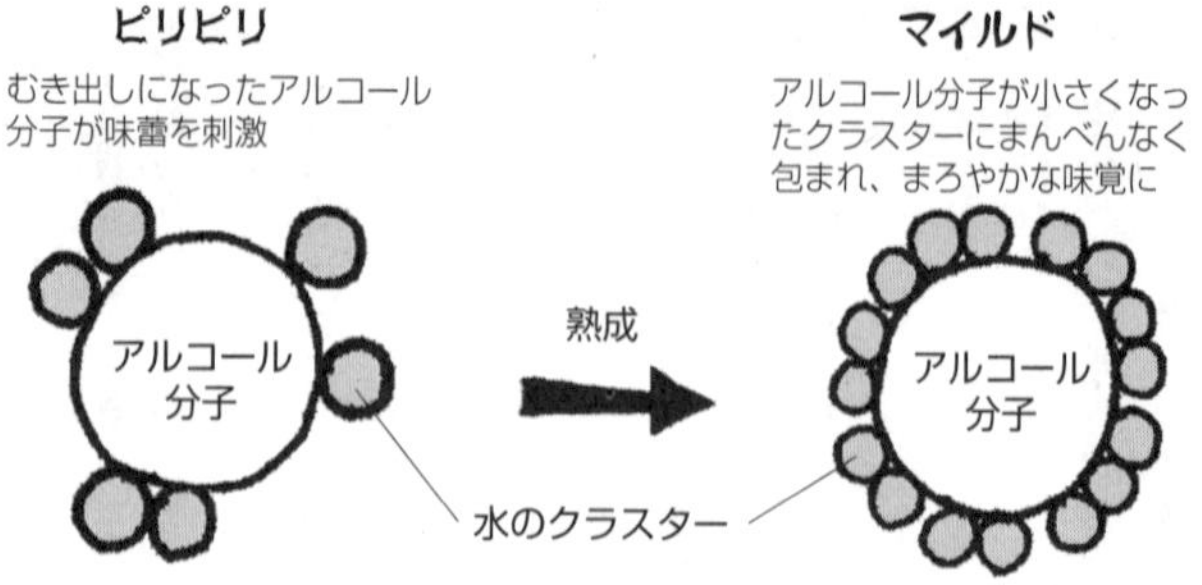
ピリピリ
むき出しになったアルコール分子が味蕾を刺激
アルコール分子
熟成
水のクラスター
マイルド
アルコール分子が小さくなったクラスターにまんべんなく包まれ、まろやかな味覚に
アルコール分子

図1－10　お酒をまろやかにする水のクラスター

菊姫広告より

水のクラスターとお酒

ところで、アルコール度が同じなのに、舌にぴりぴりと感じたりまろやかに感じたりする原因の一つは、水クラスターの大小といわれています。

クラスターは分子の塊と考えてください。水の分子は水素原子二個と酸素原子一個（H_2O）ですが、実際にはこの分子がいくつか結合した状態、すなわちクラスターとして存在しているのです。「おいしい水」は水のクラスターが平均的に小さいといわれています。

酒を熟成すると、含まれる水のクラスターが小さくなり、アルコール分を包み込むのでアルコールの刺激が弱くなりまろやかになるそうです（図1－10）。

これは日本酒だけでなく、ウイスキーやブランデーなどにも共通するといわれています。ただし、水のクラスターのふるまいや作用については、すべての研究者が認めているわけではありません。

1-4 水道水はどんな水？

水道水の水質基準

ヒトは一日に一リットル、食べ物などに含まれるものも合わせると、三リットルの水を飲んでいます。八〇歳まで生きるとすると、直接飲む水だけで二九・二立方メートルという膨大な量になりますから、飲む水の水質はたいへん重要です。

わが国の水道では明治三七（一九〇四）年に最初の水質基準が定められました。これが長く続いた後、昭和三三（一九五八）年大々的に改定されました。それがさらに何度か改正され、現在の基準は平成四（一九九二）年に改正されたものです。

改正される理由は、第一には、科学技術の進歩にともない、それまでの基準項目にない物質が水に溶け出すようになってきたことです。第二には、上水処理過程でそれまで知られていない物質の生成があることがわかったためです。第三には、諸外国を含めて毒性情報が集積され、リスク（危険性）の評価手法ができたことによります。そして第四には、分析技術が進歩して、基準をより明確にすることができるようになったためです。

最新の基準は、ヒトへの健康影響に基づいて基準値を設定した「健康に関連する項目」二九項目と、水道水の利用に支障のない水準として値を設定した「水道水が有すべき性状に関連する項

	健康に関連する項目	基準値
1	一般細菌	1mℓの検水で形成される集落数が100以下であること
2	大腸菌群	検出されないこと
3	カドミウム	0.01mg/ℓ以下
4	水銀	0.0005mg/ℓ以下
5	セレン	0.01mg/ℓ以下
6	鉛	0.05mg/ℓ以下（平成15年以降は0.01mg/ℓ以下）
7	ヒ素	0.01mg/ℓ以下
8	六価クロム	0.05mg/ℓ以下
9	シアン	0.01mg/ℓ以下
10	硝酸性窒素及び亜硝酸性窒素	10mg/ℓ以下
11	フッ素	0.8mg/ℓ以下
12	四塩化炭素	0.002mg/ℓ以下
13	1,2−ジクロロエタン	0.004mg/ℓ以下
14	1,1−ジクロロエチレン	0.02mg/ℓ以下
15	ジクロロメタン	0.02mg/ℓ以下
16	シス−1,2−ジクロロエチレン	0.04mg/ℓ以下
17	テトラクロロエチレン	0.01mg/ℓ以下
18	1,1,2−トリクロロエタン	0.006mg/ℓ以下
19	トリクロロエチレン	0.03mg/ℓ以下
20	ベンゼン	0.01mg/ℓ以下
21	クロロホルム	0.06mg/ℓ以下
22	ジブロモクロロメタン	0.1mg/ℓ以下
23	ブロモジクロロメタン	0.03mg/ℓ以下
24	ブロモホルム	0.09mg/ℓ以下
25	総トリハロメタン	0.1mg/ℓ以下
26	1,3−ジクロロプロペン	0.002mg/ℓ以下
27	シマジン（CAT）	0.003mg/ℓ以下
28	チウラム	0.006mg/ℓ以下
29	チオベンカルブ	0.02mg/ℓ以下

	有すべき性状に関連する項目	基準値
30	亜鉛	1.0mg/ℓ以下
31	鉄	0.3mg/ℓ以下
32	銅	1.0mg/ℓ以下
33	ナトリウム	200mg/ℓ以下
34	マンガン	0.05mg/ℓ以下
35	塩素イオン	200mg/ℓ以下
36	カルシウム、マグネシウム等(硬度)	300mg/ℓ以下
37	蒸発残留物	500mg/ℓ以下
38	陰イオン界面活性剤	0.2mg/ℓ以下
39	1,1,1−トリクロロエタン	0.3mg/ℓ以下
40	フェノール類	0.005mg/ℓ以下
41	有機物等(過マンガン酸カリウム消費量)	10mg/ℓ以下
42	pH値	5.8以上8.6以下
43	味	異常でないこと
44	臭気	異常でないこと
45	色度	5度以下
46	濁度	2度以下

図1-11　水道水の水質基準

目」一七項目とからなっています（図1－11）。この他に、より質の高い水道水を供給する目標として「快適水質項目」一三項目、「浄化処理工程の管理指標」としての八項目があります。

これらの水質基準では、まったく存在してはいけないのは大腸菌群だけで、他の物質（対象物質）はすべて程度の問題としています。たとえ発ガン性の物質であっても、その危険度が低い（一〇万人のうち数人が八〇年の生涯で発ガンする可能性がある）濃度なら許容しています。

水道水の造り方

水道水の原水は、多くは河川の水を利用しています。その水はせいぜい環境基準程度か、場合によってはそれより汚れている水がほとんどです。そこで原水を改善しなければ水道水として使えません。原水を水道水に改善するのが浄水場（次ページ図1－12）の役割です。

浄水場に取水された原水は、まず混じっているごみや砂を沈砂池で沈殿させて取り除きます。細かくて沈殿しにくいものは、硫酸アルミニウム（硫酸バンド）などを入れて重く、直径を大きくし、凝集沈殿池で取り除きます。こうして澄んだ水をさらに砂の層で濾過する急速濾過池で濾過し、殺菌用に塩素を加えて私たちの家へと配水されます。

なお、殺菌用に塩素を加えることを、水道法では「塩素消毒」といっています。しかし本書ではイメージがつかみやすいと考えて「塩素殺菌」とします。

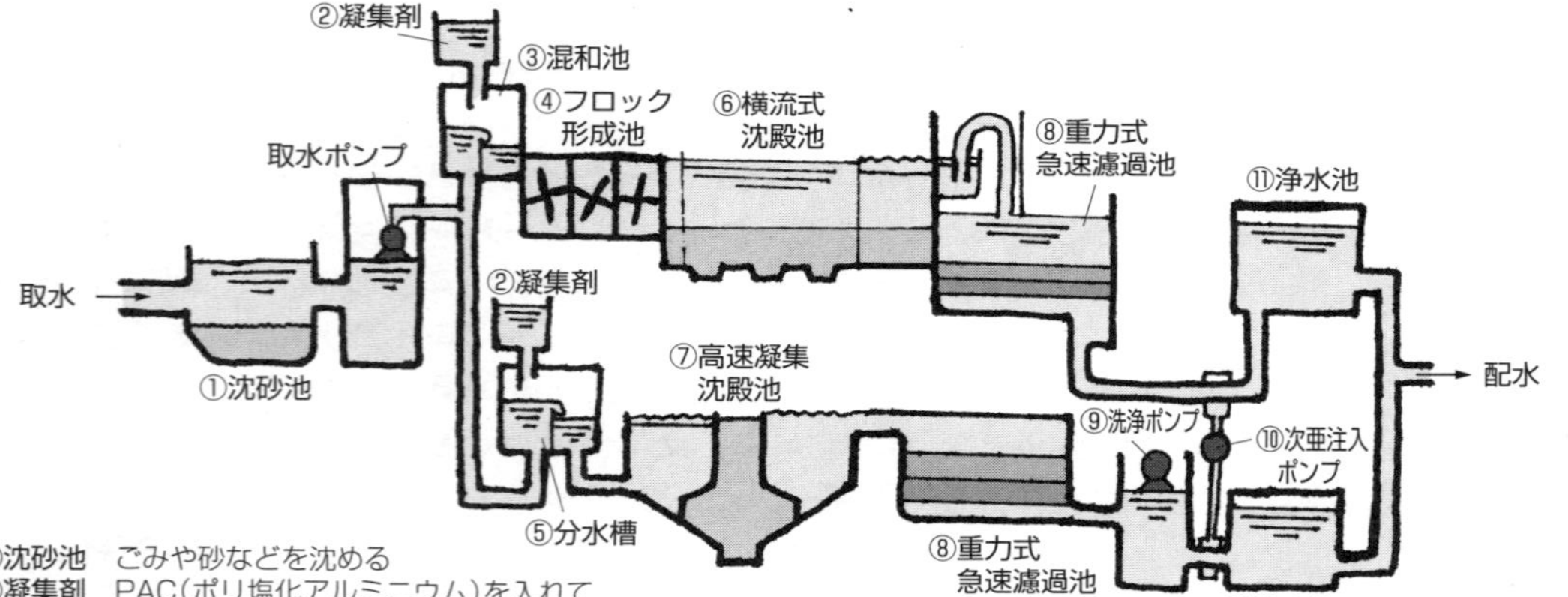
②凝集剤
③混和池
④フロック
形成池
⑥横流式
沈殿池
⑧重力式
急速濾過池
取水ポンプ
⑪浄水池
取水
②凝集剤
①沈砂池
⑦高速凝集
沈殿池
配水
⑨洗浄ポンプ
⑩次亜注入
ポンプ
⑤分水槽
⑧重力式
急速濾過池
⑪浄水池

①沈砂池　ごみや砂などを沈める
②凝集剤　PAC(ポリ塩化アルミニウム)を入れて小さな浮遊物を沈みやすい塊にする
③混和池　取水した原水と薬品を混合する
④フロック形成池　薬品の働きにより、沈みやすい塊(フロック)を作る
⑤分水槽　取水した原水を各沈殿池に分配し、薬品と混合する
⑥横流式沈殿池　フロックを沈めて取り除く
⑦高速凝集沈殿池　薬品により沈みやすい塊(フロック)を形成し、沈めて取り除く
⑧重力式急速濾過池　重力の作用により、砂で水を濾過する
⑨洗浄ポンプ　濾過池の砂を洗浄する
⑩次亜注入ポンプ　次亜(次亜塩素酸ナトリウム)で殺菌消毒する
⑪浄水池　殺菌され、安全になった水を一時貯留する

図1-12　浄水場の仕組み

旭川水道局HP

塩素殺菌の限界

このようにして家庭に配られる水道水は、その蛇口で、残留塩素が水道水一リットルあたり〇・一ミリグラム以上なければなりません。これ以下では大腸菌群の存在が疑われることになります。そのため殺菌効果が持続する次亜塩素酸ナトリウム、次亜塩素酸カルシウムなどが使われます。

ところが原水の汚れがひどいところでは、これらの塩素系の物質は、汚れた水に含まれるフミン質などと反応して、トリハロメタンなどの発ガン性の物質を作ります。フミン質とは腐敗物質から生まれる分解しづらい有機化合物のことです。

さらに、このような一般的な浄化方法では、におい（異臭味）や色が基準に達しない場合も出てきました。また従来の方法では除去できない農薬、原虫類の除去が必要な場合もあります。トリハロメタンや原虫類については、第2章でくわしくお話しします。

このような汚れた原水の浄化には「高度処理」と呼ばれる方法がとられています。

高度処理では、急速濾過池を通った水を、さらに直径〇・二マイクロメートル（一マイクロメートルは一ミリメートルの一〇〇〇分の一）以下の小さな孔のあいた膜や、活性炭に通してそれらの異物を除去します。

しかし、いずれにしても水は循環しているのですから、この問題は排水処理施設の放流水の水質のレベルアップをしなければ解決しません。

浄水器の歴史

水道水の味や安全性に関心が高まるとともに、家庭用の浄水器が普及してきました。

家庭用の浄水器は一九五〇年代に開発されました。もともとは井戸のポンプと併用して、井戸水（地下水）の濁りや不純物を除去するために用いられたものです。

それが水道水のかび臭さや塩素臭さがクローズアップされた一九六〇年代から急速に普及し、一九七〇年には年間一〇〇万台も売れました。さらに、水道水には塩素臭がつきものですが、この塩素臭も取り除けるとした製品が普及して一種のブームとなりました。

ところがその後、浄水器の中で雑菌が繁殖するという不衛生な製品がみつかり、浄水器に対する不信が一気に強くなりました。

そのため一九七二年に全国家庭用浄水器協議会が設立され技術向上を図るようになりました。また日本水道協会でも浄水器型式審査基準を策定し、信用回復に努めました。さらに近年では、異臭味が深刻になったり、発ガン性物質のトリハロメタンの問題などから消費者の関心が高まり、再び需要が伸びてきています。

国土交通省の『日本の水資源』（二〇〇二年版）によれば、わが国の家庭用浄水器の普及率は、今や三〇パーセントに達しています。

浄水器の種類

家庭用浄水器には、形状からみると、ビルトイン型と給水栓直結型、据え置き型、ポット型があります（図1−13）。

ビルトイン型は流しに内蔵できる型です。給水管または給水栓の流出側に取り付けますが、バルブの位置で、浄水器に常時圧力が作用する先止め式と、常時圧力が作用しない元止め式があります。

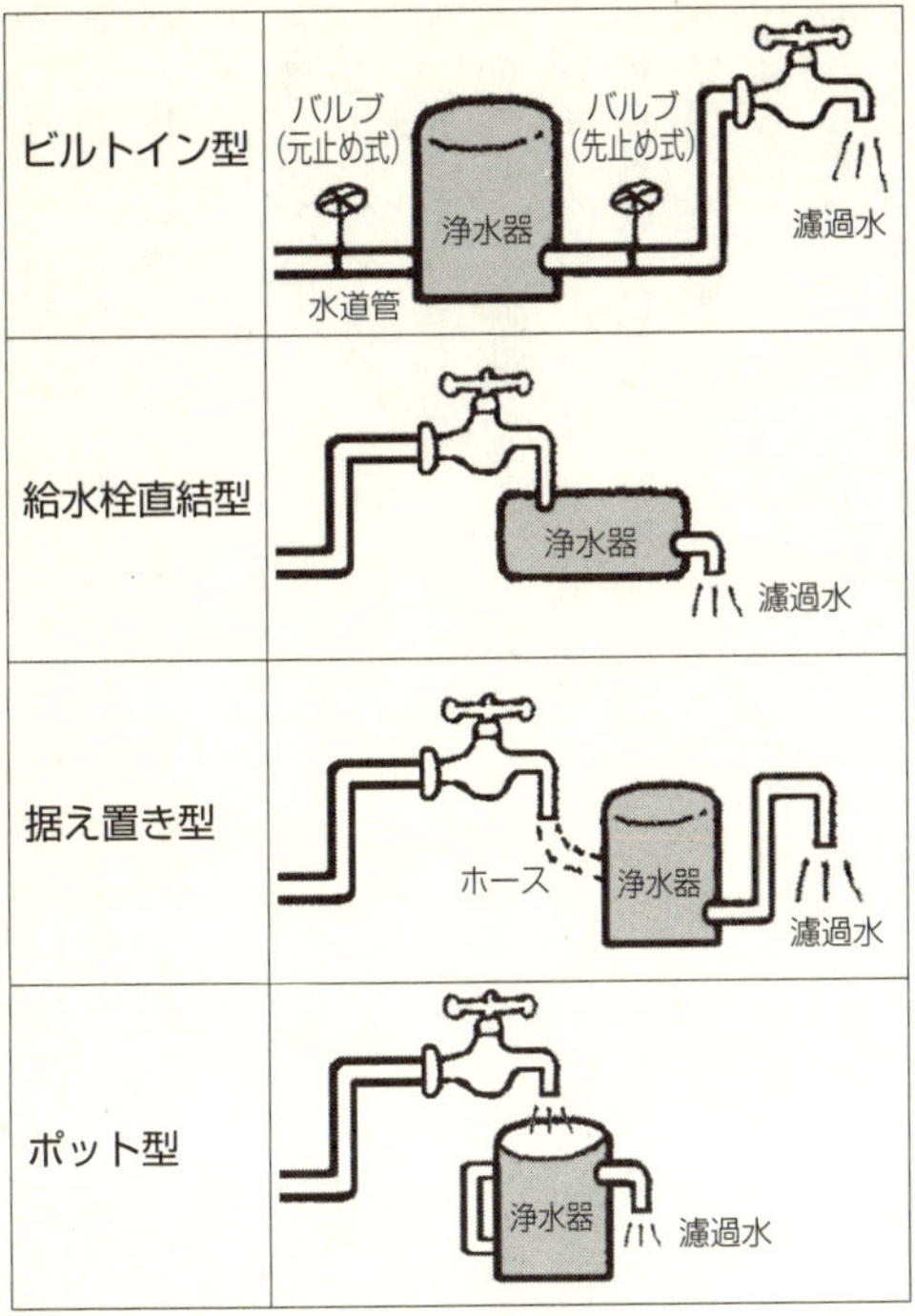
ビルトイン型
バルブ
(元止め式)
バルブ
(先止め式)
浄水器
濾過水
水道管
給水栓直結型
浄水器
濾過水
据え置き型
ホース
浄水器
濾過水
ポット型
浄水器
濾過水

図1-13　浄水器のタイプ

給水栓直結型は、給水栓の先端に浄水器本体を取り付けるものです。

据え置き型は給水栓の先端に浄水器本体をホースで直結し、据え置きや壁掛けで使用するタイプです。

ポット型は、浄水装置を組み込んだポットです。

また、フィットネスジム

や事務所、宴会場やホテルの厨房など大量の需要があるところでは、一ヵ所で製造して配管で各所に供給する中央式（集中式）浄化装置があります。規模は一日五トン程度です。別名「おいしい水供給装置」といい、全国に一〇〇基ほど設置されているようです。

浄水の方法

これらの浄水の方法は、①活性炭、②中空糸膜＋活性炭、③セラミック＋活性炭、④逆浸透膜＋活性炭などに分類されます。

活性炭は異臭味物質やトリハロメタンを取り除きます。中空糸膜やセラミックは〇・〇一〜〇・一マイクロメートルの孔を通過させて不純物や細菌類を漉し取ります。さらに細かな孔をもつ逆浸透膜では化学物質を除去します。

イオン交換塔でイオン系を除去したり、ミネラルカートリッジでカルシウムなどのミネラルを添加したり、あるいは紫外線で雑菌を死滅させる方式もあります。この他にオゾンや銀活性炭を使って殺菌する浄水器もあります。

ただし、残留塩素がなくなるタイプでは注意が必要です。その浄水器を通した水には残留塩素がないので、雑菌が繁殖しやすいのです。そのような水を保存する場合は、清潔な容器に入れて冷蔵庫などに置き、数日のうちに利用しなければなりません。

第2章

健康と水

2−1　ヒトには水がどれだけ必要か？

ヒトの体の水分量

ヒトの体は、大人では六〇兆ともいわれる細胞の塊です。細胞中には水分が満たされています。その結果、新生児（生後二八日まで）では体重の八〇パーセント、大人では六〇パーセントが水ということになります。単純計算すると体重六〇キログラムの大人は、三六キログラム（三六リットル）が水です。

臓器や組織別に全体重に占める水分量を概算してみると、筋肉中には三〇パーセント（一八リットル）の水分があり、皮膚には一〇パーセント（六リットル）、血液中には四パーセント（二・四リットル）の水分があることになります。

この水分量を常に保っておかなくては生きていけません。そのためには体から失われる水分に見合った量を補給しなくてはならないわけですが、ではその水分量はどれくらいでしょう？

体の水の収支

身体から失われる水分でもっとも多いのは、ご想像のとおりオシッコ（尿）です。普段は一日あたり約一〜一・五リットル排泄します。次に多いのが皮膚の表面から蒸発する汗と、呼吸によって鼻や口から蒸発する水分です。目に見えない状態で体外に出ていくので、水分を放出しているという実感がありませんが、一日あたり、皮膚から汗として約六〇〇ミリリットル、呼吸によって約四〇〇ミリリットルも放出しているのです。

この他に、糞便として一〇〇ミリリットル程度の水分を排泄しています。

こうして一日約二・五リットルが失われます。では、失われた水分はどう補給されているでしょうか。近年の日本人は、直接水を飲むことは少なくなり、代わりにさまざまな嗜好飲料が飲まれています。ためしに筆者の生活で考えてみましょう。

朝起きると、朝食というには寂しいけれど、一切れの食パンと一杯のコーヒーを飲みます（筆者の家では気取って、コンチネンタルブレックファーストといいます）。勤務先では、まずお茶を一杯（今どきは、そんな悠長なことをしている会社はない？）。昼食にはお茶や水を、食後にはコーヒーを飲みます。夏の暑い日の外出先では、ついつい清涼飲料水などの飲み物に手が伸びます。アフターファイブは夕食とともにビールを一杯。ときどき一杯が「いっぱい」になり、これが至福のひとときとなります。

一般的には、このようにして食事や飲み物から一日あたり二・五リットルの水分を摂って、排泄される水分と、体内に摂り込む水分量のバランスをとっています。このバランスが崩れると、「脱水症状」を起したり、体内に過剰の水分が蓄積された「浮腫」という状態になります。

図2-1　給水ステーション

写真提供／月刊陸上競技

脱水を防ぐ

水分過剰で起きる浮腫は、腎臓の機能障害という病気で、健康なら起こる心配はほとんどありません。しかし脱水症状は、健康に関係なく起こる可能性があります。もっとも心配なのがスポーツの最中の脱水で、しばしば事故が起きています。

アメリカでは一九四四年に、運動中に水を飲ませる必要のあることが科学的に提案されていました。ところがわが国では、いわば根性論で競技やトレーニングの最中に水を飲むことが禁じられていました。それが改められたのは一九七八年に、高温多湿の中で行われたある市民マラソンで五〇人が倒れ、三人が死亡した事件がきっかけでした。

現在では、たとえばマラソン大会では、スタートの一〇～一五分前に四〇〇～五〇〇ミリリットルの水を飲むことが、さらにコース上でも、四～五キロメートルごとに給水ステーション（図2-1）をおくことが義務づけられています。

サッカーの飲水規則

他のスポーツではどうでしょうか。たとえばサッカーでは、試合中に選手がペットボトルから水を飲んでいるのをよく見かけます。

サッカーにはＦＩＦＡ（国際サッカー連盟）の競技規則が取り入れられています。その競技規則は一七ヵ条しかなく、飲水に関する規則はありません。しかし補う形で質疑回答があり、これも規則として採用されています。それには水を飲む場合の規則は書かれていますが、飲むことを義務づけてはいません。

しかし小、中、高校生などの試合では、「暑熱下のユース以下の試合での飲水について」で、十分配慮するよう規定されています。それによれば、乾球温度三一度Ｃ、湿球温度二四度Ｃ以上の場合は、試合開始前に両チームと打ち合わせた上で給水タイムをとる、と試合の途中で水を摂らせるようにしています。

とくに高温多湿の条件下でのスポーツでは、サッカーに限らず、水分補給をおこたってはなりません。

「機能水」とは？

新聞、雑誌、テレビ、ラジオなどで「アルカリイオン水」とか「電解水」、あるいは「磁化水」「セラミック水」「パイウォーター」などが、健康によいとか、植物の生育をよくするなどと宣伝されています。これらは水道水など普通の水に、電気や磁気、音波、圧力、光などのエネルギーを与えることによって造られ、「機能水」と総称されています。

機能水は古くから各種ありましたが、最近ではとくに「強酸性電解水」と「アルカリイオン水」が話題になっています。

強酸性電解水は、普通の水に〇・一パーセントほど食塩（ちなみに海水に含まれる塩分濃度は約三パーセント）を加え、一〇ボルト程度の直流で電気分解すれば、陽極側に生成してきます。主成分は次亜塩素酸で、その濃度は水道水に含まれる塩素の二〇倍以上になります。

強酸性電解水は強い殺菌力を持つので、それに着目していろいろな実用化が試みられています。たとえば、感染症対策として医師らの手指や医療器具の消毒洗浄に使っている病院などがあります。あるいは皮膚疾患患者の治療への応用なども考えられています。さらに、食中毒防止の観点から食器や食品の洗浄殺菌効果についても検討されています。

もう一つの「アルカリイオン水」は、やはり水道水など普通の水に、カルシウム化合物を混ぜて電気分解すれば、陰極側に生成してきます。これを飲めば、胃酸の異常分泌を抑える効果があり、胃酸過多や消化不良、慢性下痢症の改善などに有効であるとされています。

しかしこれらについては、現段階では症例報告にとどまり、真に科学的な検討がなされているとはいえない状況にあります。また安全性についての検討も不十分です。

いずれにしても機能水は、商品として安心、安全を求める人々の心に訴えかけて売られているものです。実際の効能や安全性、学術的な裏付けなどについては、まだまだ学際的な解析検討が必要なようです。

２－２　汚れた水の危険度は？

Ｏ１５７事件

自然界の水については第８章でお話ししますが、もともとはきれいで安全な水がほとんどです。しかし近年では、汚れて危険な水になってしまったものも少なくありません。そうさせてしまったのは、とりもなおさず人間であるといっても過言ではありません。

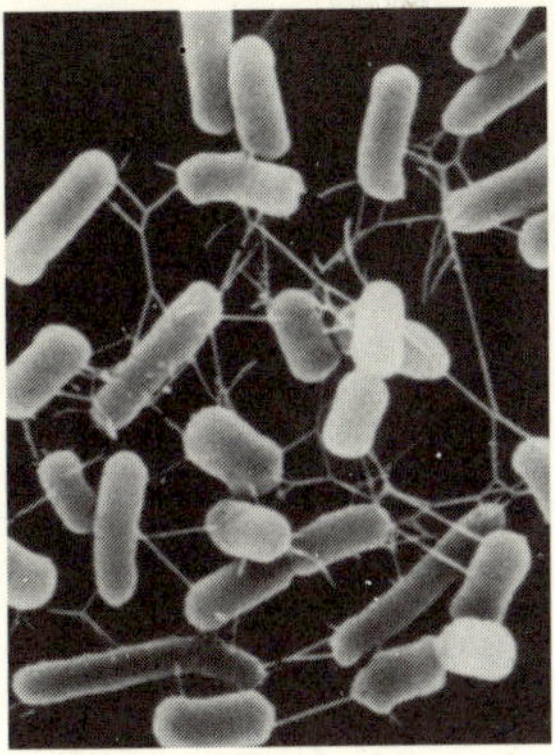

図２－２　病原性大腸菌Ｏ157

飲み水の化学物質汚染による健康被害は、古くから知られています。代表的なものには、足尾鉱毒事件やイタイイタイ病があります。

まだ記憶に残る事件としては一九九〇年に埼玉県浦和市にある幼稚園で発生した、井戸水のＯ１５７汚染があります。Ｏ１５７は病原性のある大腸菌です（図２－２）。

管理者の無知と油断が引き起こした事件で、浄化槽の汚水が染み込んでいる井戸水を使っていたことが原因でした。

この幼稚園では井戸水を、飲料水をはじめ流し台、手洗い、そして室内プールにも使用していました。開設当初は殺菌装置があり正常に稼働していましたが、いつの頃か故障した際に取り外され、それ以後は殺菌しないまま供給していました。このため感染が拡大したのです。患者総数は三一九人にのぼり、うち二人が亡くなりました。

●硝酸イオン汚染

地下水で問題となった化学物質汚染で、実際に健康被害が報告されているものの一つに、アメリカでの事件があります。新生児が退院して自宅にいると、血液中の酸素と炭酸ガスを交換する能力が低下し、顔面蒼白になる症状（チアノーゼ）を起こします。しばらく入院すると正常になるのですが、帰宅すると再発します。

この原因を調査した結果、自宅の井戸水に含まれていた硝酸イオンが悪さをしていたことがわかりました。

胃酸の酸度が低い新生児が硝酸イオンを含む水を飲むと、胃の中の細菌の働きによって亜硝酸イオンになります。これが血液中の酸素運搬役であるヘモグロビンと反応して、メトヘモグロビンを作ります。メトヘモグロビンには酸素運搬能力がないので、チアノーゼを起こすとみられます。大人は、胃酸の酸度が高いため、このような細菌も殺菌されるので心配ありません。

硝酸イオンや亜硝酸イオンは、農薬や除草剤、肥料、腐敗した動植物の窒素成分が、地中の微生物によって分解された結果生じます。これが井戸水に混ざったのでしょう。

その後の研究によると、メトヘモグロビン血症が発生する硝酸性窒素濃度は、最低一リットルあたり三六〜五〇〇ミリグラムで、一〇ミリグラム以下では報告例がないとされています。わが国の水道水の水質基準では、硝酸性窒素および亜硝酸性窒素濃度は一リットルあたり一〇ミリグラム以下と定められています。

ハイテク汚染

硝酸性窒素以外にも、はっきりとした患者の発生こそ確認されていませんが、健康被害が心配されているものに、工場から流出したシアンやフェノール、クリーニング店などで使われているトリクロロエチレンなどの有機塩素系化合物があります。これらの物質はＩＣ工場などで大量に使われるため、ハイテク汚染などといわれています。

原虫汚染

わが国の水道水は、きびしい水質基準をクリアしていますから基本的に安全です。しかしごくまれに問題を起こすこともあります。

一九九六年に埼玉県越生町で、住民一万三〇〇〇余人のうち九〇〇〇人もの人がクリプトスポリジウム（図2-3）という原虫に感染する事件がありました。原因は町営水道の水に原虫が混じっていたからです。

この原虫汚染では、アメリカのミルウォーキーで一九九三年に、感染者四〇万人、死者四〇〇人を出しています。

この原虫は通常の浄水処理で採用されている塩素殺菌がほとんど無効です。そこで原虫より小さな孔径の濾過膜で除去しなくてはなりません。実際、越生町の浄水場にはこの事件後、膜濾過設備が導入されています。

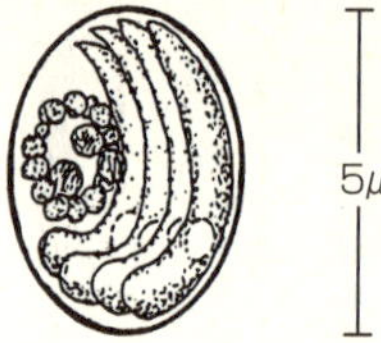
5µm

図2-3　クリプトスポリジウム
原図／井原基弘

クリプトスポリジウムは、一見きれいに見える山奥の湧き水などにもいることがあります。ヒトや哺乳動物にも感染して激しい下痢を起こさせますが、有効な治療法がなく対症療法でのりきるしかありません。

わが国の水道が水源としている河川水や井戸水などからも、この原虫が検出されることがあります。水道事業体は、定期的に検査しており、クリプトスポリジウムが浄水から検出された場合は、直ちに給水を停止します。個人にできる対策としては、原虫に汚染されているおそれのある水は、一分間以上沸騰させてから飲むように心がけることです。

トリハロメタン

最近、水道水で関心を呼んでいるのは、発ガン物質のトリハロメタンです。これは汚れた水に多く含まれているフミン質（有機化合物）が、水道水の殺菌に使われている塩素と反応してできます。逆浸透浄水器を通すか沸騰させれば取り除けます。

日本の水道水の基準は一リットルあたり〇・一ミリグラム以下ですが、これはＷＨＯ（世界保健機関）の基準の三倍以上も甘い数値で、論議を呼んでいます。

2-3　こんな水道管は大丈夫？

赤い水は毒？

赤水とは、鉄分や錆（さび）が混ざって赤褐色になった水のことです。天然の岩石・土壌には鉄分が多く含まれる場合があり、地下水や井戸水を汲み上げると、透明な水が次第に赤褐色を帯びるようになることがあります。

水道水の原水に含まれる鉄分は浄水場で除去され、水道水にはほとんど含まれていません。それにもかかわらず水道水が赤水になるのは、蛇口に届くまでの間に、鉄管の腐食によって生じた鉄分を溶かし込むためです。

水と酸素があれば、鉄はイオン（Fe^{2+}）として水中に溶け出し、水酸化第一鉄$Fe(OH)_2$を生成します。ただしこの過程では赤水は生じません。イオンは不安定で、水中の酸素によって酸化されて水酸化第二鉄$Fe(OH)_3$となります。水酸化第二鉄は溶けにくく、そのため錆が目に見えて、水が赤くなるのです。

かつて鉄管の多かった時代、「朝一番の水」あるいはオフィスの「休日明けの水」は赤水のことがあり、毎朝バケツ一杯を放水してから炊事に使うのが習慣となっていました。

微量の鉄分は人体にとって害はなく、むしろ必須の栄養素です。

わが国の水道水の水質基準では、鉄分は一リットルあたり〇・三ミリグラム以下と定められています。この基準は健康上の理由ではなく、洗濯したとき衣類にしみをつくったり、味に〝金気〟を感ずる閾値として定められています。WHOの水質ガイドラインも、苦情が起こるレベルとして同じ値が示されています。

青い水は？

給湯用配管に銅管が使われていると、設置当初や水質によって、青い水が出てくることがあります。このような現象は「青水」と呼ばれています。銅管内面に銅の酸化膜が形成されないうちは、銅がたくさん溶け出して水が青くなるのです。

しかし、わが国の銅の水質基準は一リットルあたり一ミリグラム以下で、この程度の濃度では水が肉眼で青く見えることはありません。浴用石鹸が銅イオンと反応して、タオルやタイルの目地が青緑色のしみを生じるため、その印象で青水を連想すると思われます。

遊離炭酸（炭酸ガスが水に溶けて酸性を示す）を多く含む地下水のように、微酸性の水では銅イオンの溶出が高くなります。そのため温泉などでは、肉眼でも青く見える水が出る可能性はあります。

銅イオンは殺菌作用があることで知られています。昔から銅製の洗面器で顔を洗うと眼病の予防になるといわれていました。水中に微量の銅イオンを注入すると、藻類や微生物の増殖を抑える効果があります。育ち盛りの乳幼児にとって銅は必須の栄養素で、粉ミルクには微量添加されているほどです。

緑青は無毒

銅の錆は緑青（ろくしょう）ともいわれます。神社仏閣の銅葺き屋根がきれいな緑青で覆われるのは、古色として好まれていますが、食器類についた緑青は毒だとして嫌われてきました。資源的に銅はヒ素と共存するため、東大寺大仏など古い青銅製品にはヒ素が多く含まれています。緑青が毒だといわれてきたのは、毒性の高いヒ素の存在がかかわっていたのではないかと考えられます。

銅製品は精錬した銅で、ヒ素は含まれていませんから、緑青に害はありません。このことは疫学的にも検証されていますが、いったん広まった通念は、簡単には払拭されないようです。

鉛管は危険

鉛管は古くから使われ、ポンペイの遺跡にも見られるように、二〇〇〇年の歴史があります。かつては水道管の代名詞で、配管や水道技能者は鉛管工と呼ばれていました。今日、わが国では鉛管は使われなくなり、鉛管工と呼ばれることはなくなりましたが、英語では現在でもラテン語の鉛職人を語源とするプラマー（plumber）が使われています。

鉛管が使われなくなったのは、鉛が、微量でも中枢神経系や末梢神経系に影響し、子供の精神面の発達に悪い影響を与えることがあきらかになったからです。ＷＨＯの飲料水水質ガイドラインでも、鉛は一リットルあたり〇・〇一ミリグラム以下という厳しい値を目標としています。

わが国では、配管の敷設替えが簡単には行えないなどの事情を考慮し、ＷＨＯの目標値達成は平成一五年まで繰り延べにされ、それまでは一リットルあたり〇・〇五ミリグラム以下となっています。また外国の浄水場では、オルトリン酸塩やポリリン酸塩を微量添加し、溶け出した鉛イオンとの化合物を作って沈殿させる方法がとられています。

軟水では鉛が溶け出る

鉛管は、溶け出した鉛イオンが水中の重炭酸イオンやシリカ（珪酸）などと化合して、内側に塩類皮膜を形成します。しかし、これらのイオンが少ない軟水では鉛の溶解度が高く、この皮膜ができにくいため、いつまでも鉛が溶出し続けるのです。

現在、東京都の水道管は鉛管に替わってステンレス鋼管が主流になっています。ステンレス鋼は鉄―クロム―ニッケルの合金で、不働態皮膜と呼ばれる数ナノメートル（ナノは一〇〇〇万分の一ミリメートル）というきわめて薄い酸化膜によって耐食性をもたせています。

戦後の復興期に社会基盤整備に貢献した鉛管は、ようやく役目を終え、再び掘り起こされることなく、地下で永遠の眠りにつくことになりました。

黄銅の水栓は安全

ヒ素の毒性はよく知られています。ＷＨＯ水質ガイドラインやわが国の水質基準では、ヒ素の毒性が高いこともあって一リットルあたり〇・〇一ミリグラム以下となっています。

黄銅（銅と亜鉛の化合物）にヒ素を微量添加すると、脱亜鉛腐食（亜鉛が優先的に腐食する現象）を防止する効果があります。そこで欧米の黄銅水栓金具にはヒ素が加えられています。しかし、今のところ水質基準を上回るヒ素が溶け出るという報告はありません。

ちなみに、わが国ではヒ素入りの黄銅製品は製造されていません。

亜鉛とスズは？

鋼管の内側に亜鉛メッキされた水道管もたくさん使われてきました。亜鉛は、毒性はなくアレルギーも起こさないので、日用品や玩具類に亜鉛メッキ製品が見直されています。

わが国の水質基準では一リットルあたり一ミリグラム以下ですが、ＷＨＯのガイドラインでは、三ミリグラム以下という高い濃度を許容しています。

また亜鉛は鉄、銅などと同様に必須の栄養素で、粉ミルクにも微量添加されています。かつてのように水道管に亜鉛メッキ鋼管が使われなくなったために、水道水を通して亜鉛を摂取する機会が減ったことは確かですが、本来、亜鉛は種々の食品を通して摂取されるもので、無機物質としての亜鉛を補う必要があるかどうかははっきりしません。

スズは、ブリキ（スズメッキした鉄板）として古くから缶詰あるいは玩具に使われてきました。また銅製食器類には内面にスズメッキが施されています。

スズは水に溶けやすいのですが、飲料水中の無機スズは健康に影響しません。そこでＷＨＯガイドラインでも濃度制限は必要ないとされ、わが国の飲料水質基準にも、基準値が示されていません。

2－4　いざというとき飲める水

災害時の水の確保

地震などの災害にあったときの対策は、日頃から備えておかなければなりません。水の確保もその一つです。

被災したとき自宅にいたら、まず水道の蛇口を開けてみましょう。水が出るようだったら、蓄ができる清潔な容器に汲み置きします。家庭内の配管の一部分を改良してタンクを設置し、断水に備えて一定量の水道水が備蓄できるようにした設備もあります。

この他にも身の回りにある「水道水」を探してみましょう。意外なことにトイレのタンク水がありますこの水は、手洗い後の水だったり洗浄剤などを使っていては飲めませんが、そうでないならさっきまで水道水だったわけで、問題なく飲めます。そのためにも日頃からタンク内の清掃を心がけておきたいものです。

まだまだあります。冷凍庫の氷です。これも、かじったり、溶かして飲むことができます。

貯め置きした水

このような水なら、水道水なので問題なく飲めます。しかしその後の保存方法には気をつけなくてはなりません。貯めておいた水は時間経過とともに塩素が消失し、殺菌効果がなくなります。保存できる期間は容器の形状、保存温度、保存量などの条件によって大きく異なります。

基本的には、塩素の殺菌効果が持続しているか否かがポイントで、簡易検査などで残留塩素をチェックすれば確実です。神戸市の水道局が行った保管実験によると、直射日光を避けて密閉状態で保管すれば五日間ぐらいは大丈夫という結果が得られています。一般的には一週間程度が限

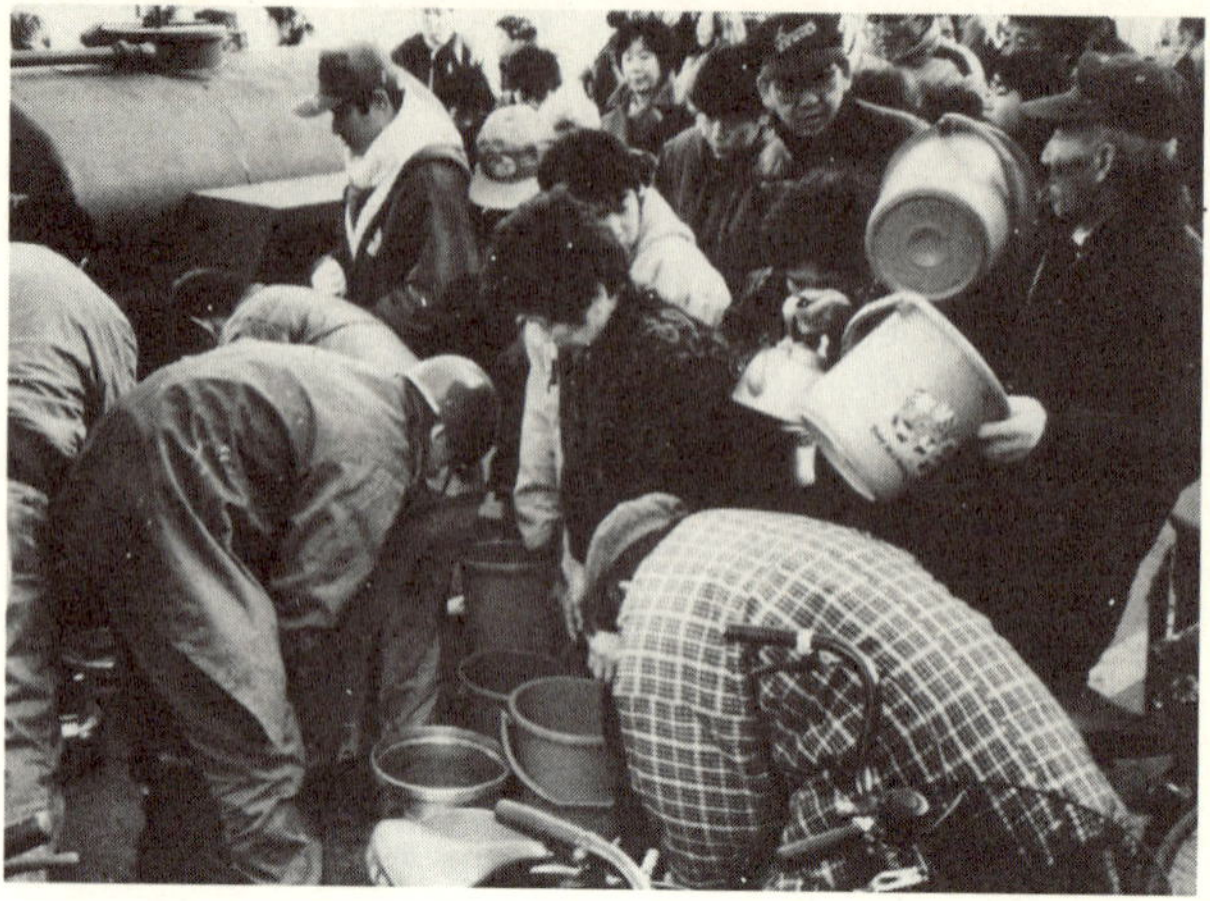

図2－4　避難場所での給水（阪神・淡路大震災）

ⓒ共同通信

度といわれています。

より安全性を高めるには、できるだけ加熱処理してから飲むことです。また誤飲を避けるため、水を貯め置いたポリ容器などには用途（飲用か雑用か）、日付などを明記したラベルを貼っておきましょう。

避難場所でくれる水

避難場所では、速やかに応急給水ができるよう、各自治体で創意工夫しています。たとえばペットボトルに詰めた水を配ったり、応急給水タンクを設置して水道水を供給したり、給水車で運んだり、被災現場で簡易浄水器によって浄水処理した水を供給したりしています（図2－4）。

これらの水は、食品衛生法や水道法に適合した水で、給水現場の指示にしたがって利用すれば、健康被害が発生するようなことはありません。

川の水を飲むなら?

大規模な災害にあっても、このような事態にはならないと思われますが、万一救助が間に合わず、川の水しか飲むものがない場合も考えておきましょう。

このような場合を想定して、一部の自治体などでは、軽車両などで持ち運び可能で、電源などがなくても使用できる可搬式浄水器を準備しています。この浄水器は小規模の避難場所での給水を想定して作られているので、係員の指示にしたがって使用できます。

では、被災現場で極限に近い状態になったとき、手近の川の水を飲むにはどうしたらよいでしょうか。ひとくちに川の水といっても、千差万別、源流に近い湧き水から、都市部を流れる河口の河川水まで、その水質に大きな差があります。

まず、魚などの生き物が生息していることを確認しましょう。ヒメダカやコイなどは、普段でも水道原水の毒性を監視するために放されている場合があります。魚が生きていれば、見た目が汚れた水でも、少なくともヒ素やシアンのような強い毒物が含まれている可能性は少なくなります。しかし細菌などの微生物汚染の目安にはなりませんから、何とか漉して、煮沸した上で飲むように努力してください。

2-5　加湿器の水

絶対湿度と相対湿度

空気の組成は大部分が窒素（七八パーセント）と酸素（二一パーセント）で、この他にアルゴン（〇・九三パーセント）、炭酸ガス（〇・〇三パーセント）などからなります。この組成は基本的に安定していますが、空気中の水蒸気は重量では一〜三パーセントで、時々刻々と変化しています。

空気中の水蒸気の量は「湿度」で表し、絶対湿度と相対湿度があります。

その場所の、一キログラムの空気中に含まれている水蒸気の量（キログラム）を、絶対湿度といいます。

一方「相対湿度」は、その温度で空気中に存在できる最大限の水蒸気の何パーセントが含まれるかを表します。たとえば広さ八〇平方メートル、天井高二・八メートルの部屋で、室温二六度Cでは、最大限五・五キログラムの水蒸気が存在できます。この部屋で相対湿度が四〇パーセントとは、五・五リットルの四〇パーセント、二・二リットルの水分が空気中にあることを示しています。

普通に湿度という場合は相対湿度をさします。

空気中に含むことができる水蒸気の量は、気温が高くなるほど多くなります。洗濯物は相対湿度が低いほどよく乾燥します。スキー場などで乾燥室を暖めるのは、放射（輻射）熱の効果も期待していますが、気温を上げることで空気中に含むことができる水蒸気量を増やすこと、すなわち乾燥室の相対湿度を下げることで、濡れた衣服などの水分の蒸発を促すためなのです。

不快指数

空気中の水蒸気の量は、人間生活の快適性に大きく影響を与えます。その程度をよく「不快指数」で表します。

不快指数は一九五九年六月、アメリカ気象局が冷暖房に必要な電力を予測するために使い始めた概念です。私たちは気温と湿度、気流の総合効果で体感温度を感じます。そこで湿度一〇〇パーセント、無風状態で、環境温度と同じ体感温度になる華氏温度で表したのです。

不快指数は〇・七二×（湿球温度＋乾球温度）＋四〇・六で計算します。不快指数が七〇以下なら、不快と感じる人はいません。七〇以上では一〇パーセント、七五以上で五〇パーセントと不快に感じる人が増え、八〇以上で全員が不快と感じます。

蒸気式加湿器

湿度が高いと不快指数が上がりますが、一方、低すぎるのも困りものです。のどや目、肌を傷

方式		構造・原理	概略図
蒸気式	ノズル式	飽和蒸気をノズルから噴射する	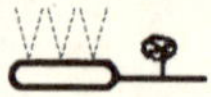
	蒸気拡散管式	過熱蒸気を噴射する	
	蒸気発生式	電熱コイル、電極版、赤外線灯などで、水を加温、蒸発させる	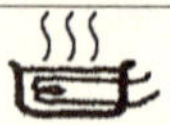
気化式	回転式	水を含ませた給湿エレメントを回転させ蒸発させる	
	毛細管式	吸水性の高い繊維に毛細管現象によって水を含ませ、蒸発させる	
	滴下式	給湿エレメントに水滴を落とし、水を含ませて蒸発させる	
水噴霧式	高圧噴霧式	ポンプで水の圧力を上げて、小孔径ノズルから噴射する	
	超音波式	高周波振動で水を霧化する	
	遠心式	モーターにより円盤を高速回転し、遠心力により水滴を霧状にする	

図2－5　加湿器の種類

『図解空調　給排水の大百科』（オーム社）にもとづく

めたりします。そんなときには、空気中に水分を供給するため、加湿器が使われます。

加湿器には蒸気式、気化式、水噴霧式があります（図2－5）。

空気中の水分は水蒸気として存在しているので、できるだけ水蒸気に近い状態で供給するのが効率がよいことになります。

大きなビルなどではボイラーで蒸気を作り、加湿に利用しています。このとき暖房に利用している蒸気の一部を加湿用蒸気として利用すると、スケール（ボイラーにつく湯あか）防止剤がそのまま蒸気に混ざって空気中に飛散してしまいます。そこで、できるだけ不純物の少ない水（純水）で蒸気を作り加湿します。

水を電気ヒーターで沸かして蒸気を作るパン型加湿器も使われます。このとき水中の不純物はスケールとしてパン（蒸発皿）に残るため、空気を汚すことはありません。ただしパンの掃除が必要になります。

気化式加湿器

水の自然な蒸発を利用して加湿する方式です。水と空気との接触面積を増やしたり、気流を与えたりして蒸発を促進させる工夫をしています。たとえば水中に布状のものをたらし、毛細管現象で上がってきた水に空気を当てて蒸発させます。

水中の不純物で空気を汚さないことから家庭用、ビル用ともたくさん採用されています。ただし、自然の気化力が頼りのため、大量に加湿が必要な場合は向いていません。また、水が気化した後には不純物が残りますから、やはり定期的な掃除が必要です。

水噴霧式加湿器

霧吹きで水を吹きかける方式です。大量に、しかもあまりコストをかけずに加湿するのに適しています。ただし、空気のほうで受け入れられない水量を吹きすぎると、水滴となってそのまま落ちてしまう場合もあります。

霧吹きには超音波の高周波を利用したり、遠心式で霧状の水滴として噴出したりします。このとき、水中に含まれているカルシウムなどの不純物もいっしょに噴出してしまうことになります。この他、室内に洗濯物を干したり、観葉植物、熱帯魚水槽を置くなども、見えない加湿方法です。ただし加湿しすぎは、結露の原因になりますから、気をつけてください。

結露水

気温が低いほど、空気中に含むことができる水蒸気量は小さくなります。冬に空気が乾燥するのも、これが原因の一つです。

もしも物の表面温度がまわりの気温より大幅に低いと、それだけ空気が水蒸気を含んでいられなくなります。その余分な水蒸気は水に戻ります。そこでガラスや壁、たんすの裏、さらには冷たい飲み物を入れたコップなど、冷たい物の表面に結露するのです。

冬の住宅内でも、扉の隙間や開閉により、絶対湿度は、どの部屋もほぼ一定になります。ここで加湿器や室内に排気ガス（水分が含まれています）を出すファンヒーターを使うと、室内空気の絶対湿度が増えます。

このとき南側の室温の高い部屋の空気は、水蒸気をたくさん含むことができるので、結露しません。しかし北側の室温が低い部屋や冷たい物の表面では、相対湿度が上がり、表面温度が低い壁やガラス面で結露するのです（図2-6）。

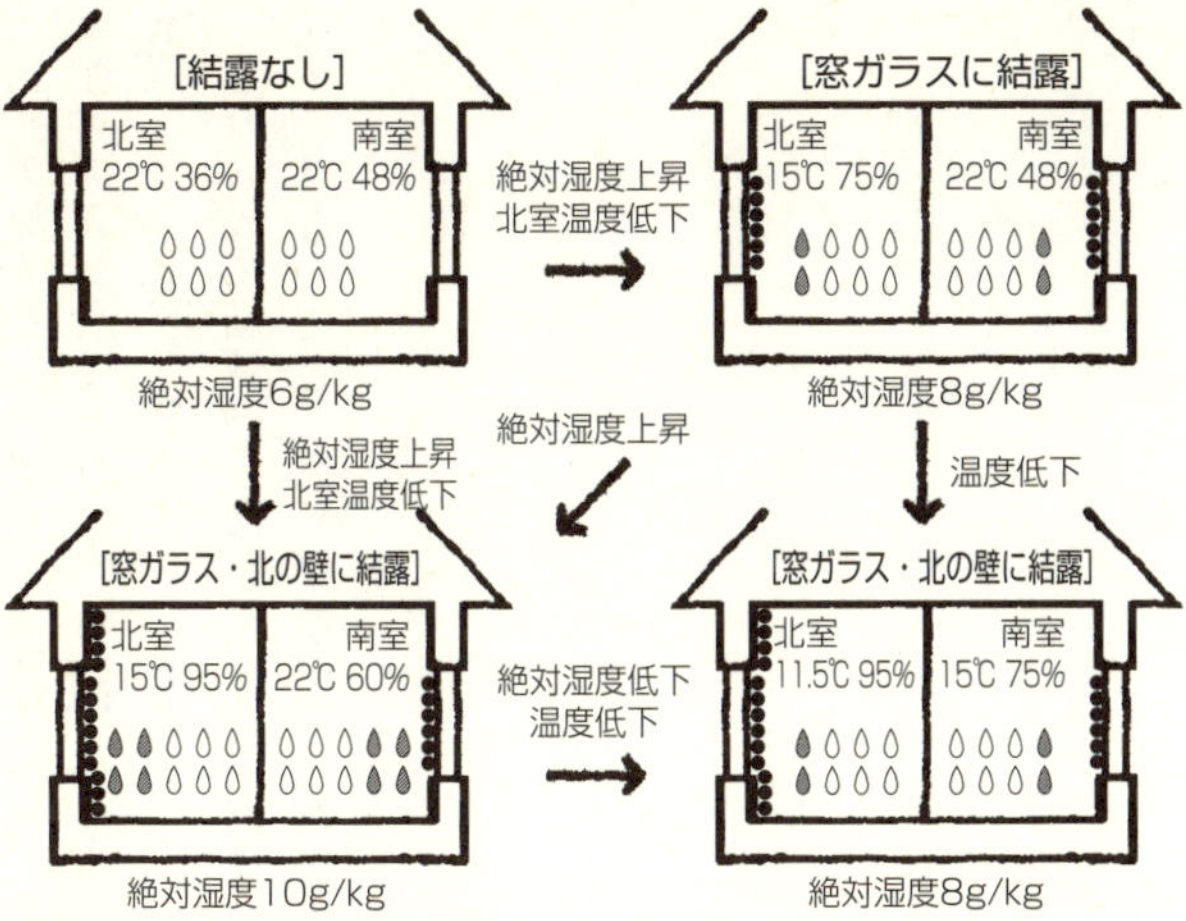
[結露なし]
北室
22℃ 36%
南室
22℃ 48%
絶対湿度6g/kg
絶対湿度上昇
北室温度低下
[窓ガラスに結露]
北室
15℃ 75%
南室
22℃ 48%
絶対湿度8g/kg
絶対湿度上昇
北室温度低下
絶対湿度上昇
温度低下
[窓ガラス・北の壁に結露]
北室
15℃ 95%
南室
22℃ 60%
絶対湿度10g/kg
絶対湿度低下
温度低下
[窓ガラス・北の壁に結露]
北室
11.5℃ 95%
南室
15℃ 75%
絶対湿度8g/kg

図2-6　冬の室内温湿度と窓・壁の結露の発生（外気0°C）

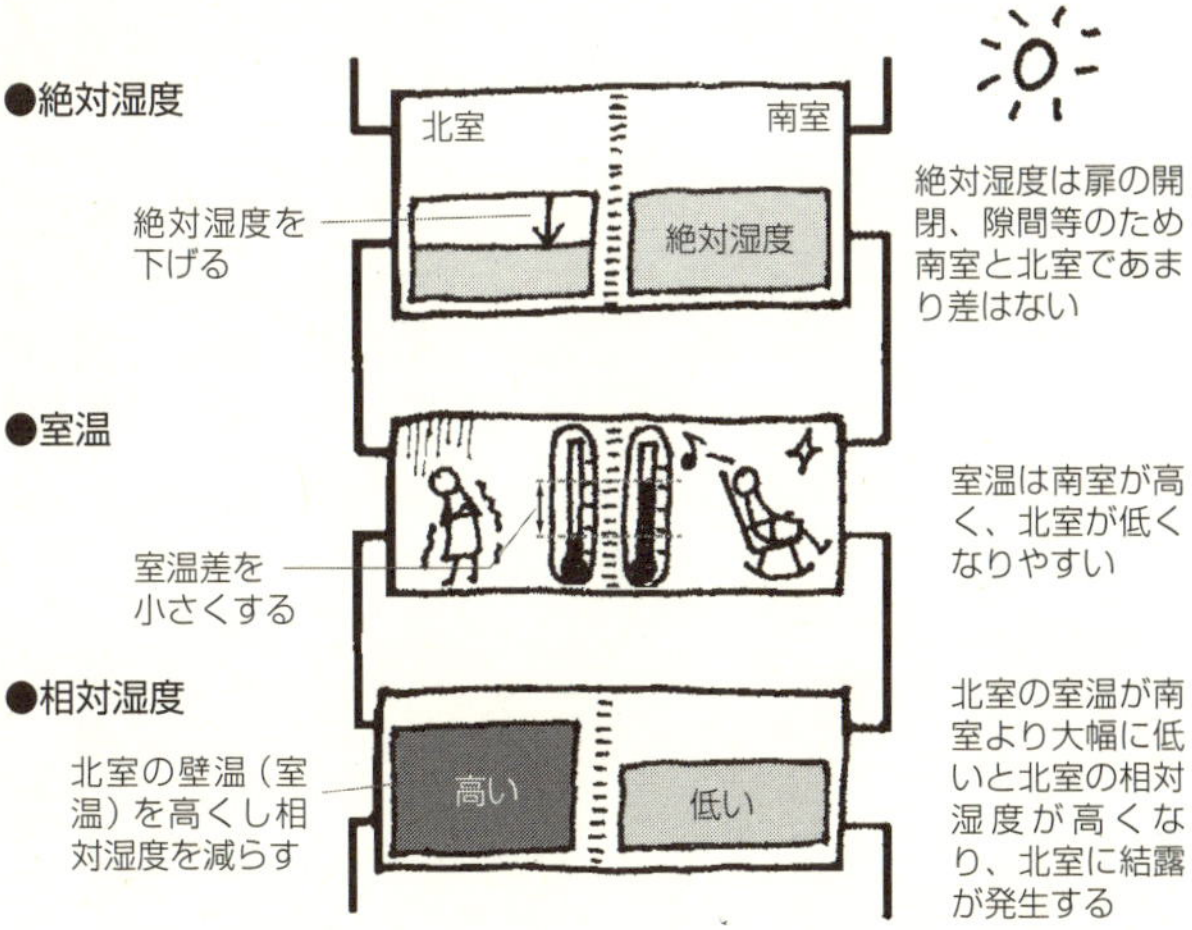
●絶対湿度
北室
南室
絶対湿度を
下げる
絶対湿度
絶対湿度は扉の開
閉、隙間等のため
南室と北室であま
り差はない
●室温
室温差を
小さくする
室温は南室が高
く、北室が低く
なりやすい
●相対湿度
北室の壁温（室
温）を高くし相
対湿度を減らす
高い
低い
北室の室温が南
室より大幅に低
いと北室の相対
湿度が高くな
り、北室に結露
が発生する

図2-7　冬の室内温湿度と結露対策

結露の原因となる水蒸気の発生源は、もちろん加湿器だけではありません。入浴、洗濯物干し、調理、排気が直接室内に放出される石油・ガス暖房機などの他、観葉植物、水温が高い熱帯魚の水槽なども水蒸気を発生しています。

したがって結露の予防には、絶対湿度を下げること、室温を平均化すること、過度の水蒸気を発生させないこと、窓や壁などの冷たい表面をつくらないようにすることです（前ページ図2－7）。

第3章

水を配る

3-1 バルブのお仕事

水漏れを止めるには?

水栓のパッキンが傷んだりして水漏れすることがあります。そんなときには最寄りのバルブを閉めてその部分の配水を止め、修理します。

一般家庭では、バルブは水道メーターの他、湯沸かし器、洗面台、便器などおもな器具についています。バルブは、メーターを除いて、そこを閉めてもできるだけ他の使用箇所には影響しないようにつけるのが原則です。

洗面台や大便器の洗浄タンクには、器具に付属してバルブがついているので、水漏れがある場合もすぐに閉めることができます。洗浄タンクの止水栓は、図3-1の矢印のところです。溝に一〇円玉を入れて右に回せば止められます。

流しの水栓のバルブは、流し台下の戸棚の中にあるものもあります。

風呂場の水栓には、一般にすぐ近くにバルブはありません。風呂場の水栓が故障したときは、メーターのところのバルブを閉めてください。

ビルの配管とバルブ

ビルには便所、浴室、厨房など水を使う場所ごとにバルブがあって、万一の場合も他の使用場所を断水しないで修理できるようになっています。

図3－1　トイレの止水栓（矢印）

写真提供／TOTO

マンションやビルでは、受水槽やポンプ、高置水槽、給水主管などがあるので、故障だけでなく、取り替えや清掃なども考慮してバルブがつけられています。たとえば受水槽やポンプを二台設置して各々にバルブをづけておくと、一方のバルブを閉め、もう片方を開けておけば、断水しないで修理や清掃ができるわけです（次ページ図3－2）。

バルブの取り付け位置は、器具のある階と同一の階に設けることが原則で、大きな建物で漏水などが発生しても、バルブの位置がすぐにわかり閉止できるようにしています。

また、こうしたバルブは配管シャフト（配管を通す空間）または天井内にあり

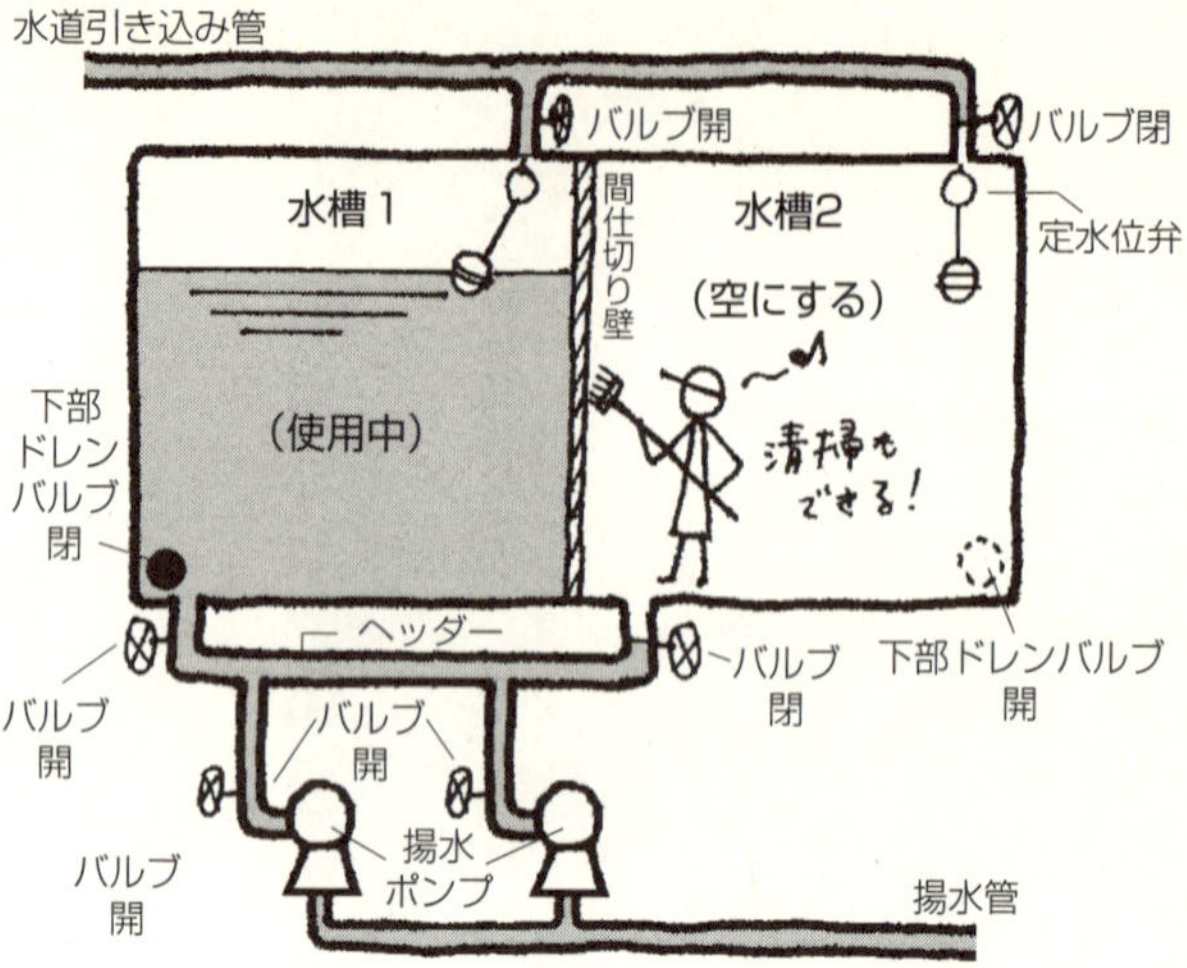
水道引き込み管
バルブ開
バルブ閉
水槽1
間仕切り壁
水槽2
定水位弁
(空にする)
(使用中)
清掃もできる!
下部ドレンバルブ閉
ヘッダー
バルブ閉
下部ドレンバルブ開
バルブ開
バルブ開
バルブ開
揚水ポンプ
揚水管

図3－2　受水槽の清掃とバルブ開閉

ます。そこにはバルブを開閉したり配管を点検できるように、必ず点検口が付いています。

バルブの仕組み

一般のバルブには仕切弁、止め弁、逆止め弁などがあります（図3－3）。

仕切弁は一番よく使われるバルブです。普段は全開もしくは全閉にしておくのが基本です。

止め弁は、絞って流量を制御する場合に使います。たとえば受水槽が二基ある場合、水道引き込み管の流量を均等化するためや、水圧が高くて流量が多いときに絞ります。

逆止め弁は、一方向に流して逆流を防ぐ弁で、ポンプや温水器の給水口には必ず取り付けられています。

この他、給湯のバルブなどに使われる圧力

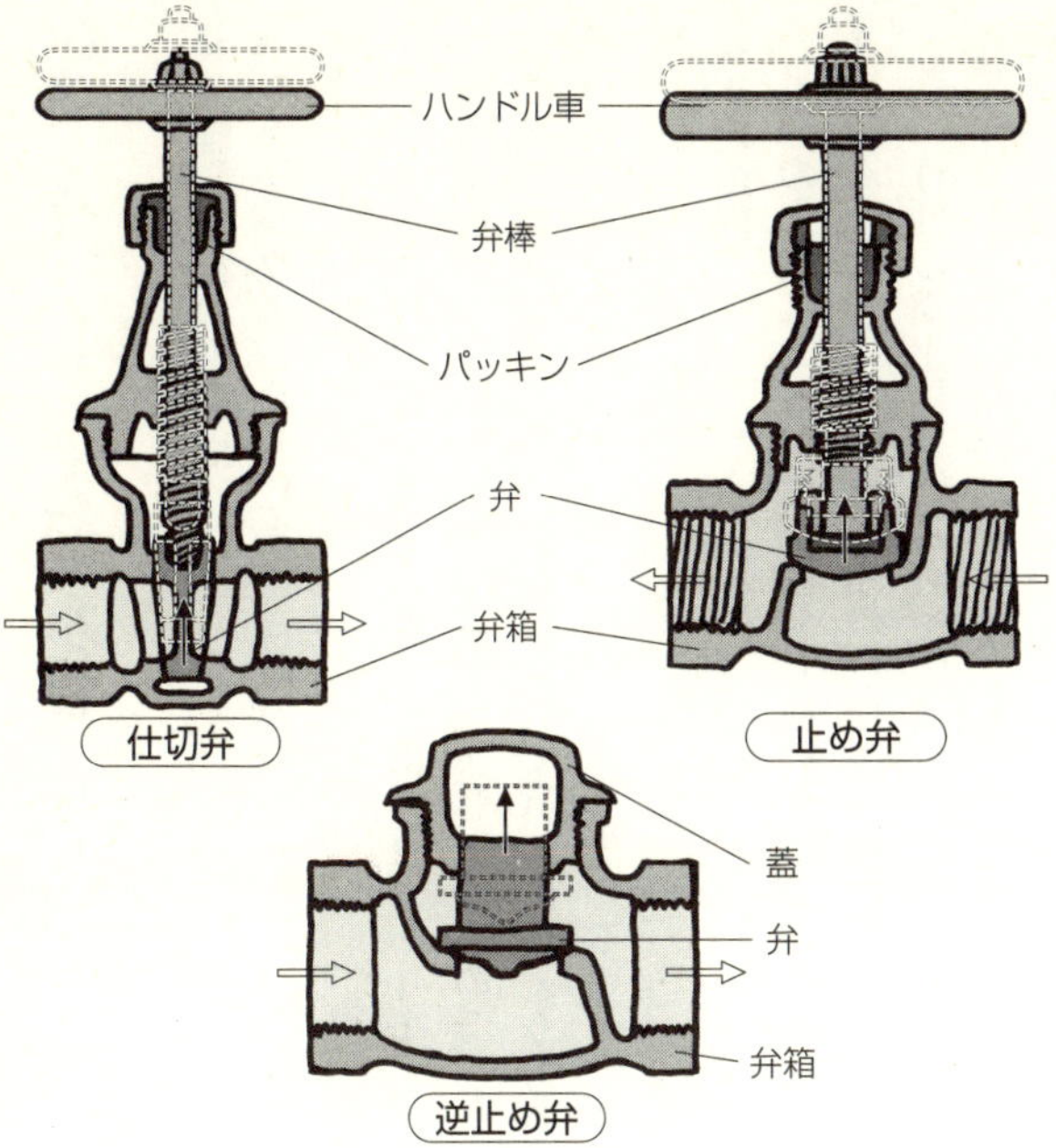
ハンドル車
弁棒
パッキン
弁
弁箱
仕切弁
止め弁
蓋
弁
弁箱
逆止め弁

図3-3　バルブの種類

調整弁は、給水と給湯の圧力を均衡させて給湯温度を一定にする役割があります。

　減圧弁は給水圧力を低くする場合に用います。超高層建築の下の階では、水圧が高くなりすぎるので、この弁が取り付けられます。また低圧型の電気温水器にも多用されています。

　このようなバルブ類は、一般の人は勝手に操作しないでください。

　ちなみにバルブの開閉には手動もありますが、電磁弁や電動弁といって、電気で自動的に開閉制御するバルブもあります。

3-2 水栓と給水管

外国製水栓の問題点

水道法が改正されて、水栓（いわゆるカラン）の取り付けなどは専門業者に頼まず、素人でもできるようになりました。

ただし、海外で買ってきた水栓には問題もあります。とくに材質については、たとえば黄銅製のものは有毒な鉛やカドミウムが含まれているので、軟水の日本で使うと、それらが溶け出てくる恐れがあります。中でも鉛については、欧米よりもわが国のほうが厳しい水質基準が定められています。水栓は日本の水道法が示す基準のものを使ってください。

水栓の形

最近の水栓はいろいろな機能も加わり、また形や色もさまざまのものがあって、見ていても飽きません。とくにヨーロッパの水栓は凝ったデザインが多く、金でできたものもあります。

壁に付ける横水栓、流し台や洗面台から立ち上がる立て水栓、ホースが付けられるもの、お湯と混合できる湯水混合水栓、しかもその温度調節がレバー一つで操作できるシングルレバー水栓、さらに自動的に一定温度で給湯できるサーモスタット付水栓など、機能もさまざまです。

ちなみにグースネック水栓（図3－4）は、わが国では手洗用のものもありますが、ヨーロッパなどでは飲料用冷水の水栓とされています。ホテルなどでこれが付いていないと、外国人から「飲み水がない」と、クレームが出る場合があります。

また大規模な建物では、排水を処理した水（中水という）がトイレの洗浄水や散水などの雑用水として、水道水とは別系統で供給されることがあります。雑用水系統に、洗面台や流しの水道と同じ水栓がついていると、間違って中水を飲まれてしまう可能性があります。そこで雑用水系統には、水道と紛らわしい器具を使ってはならないと規定されています。

飲み水にはしないと思われる便器の洗浄弁にも、たまに「排水再利用水使用・飲用不可」というシールが貼ってあることがあります。

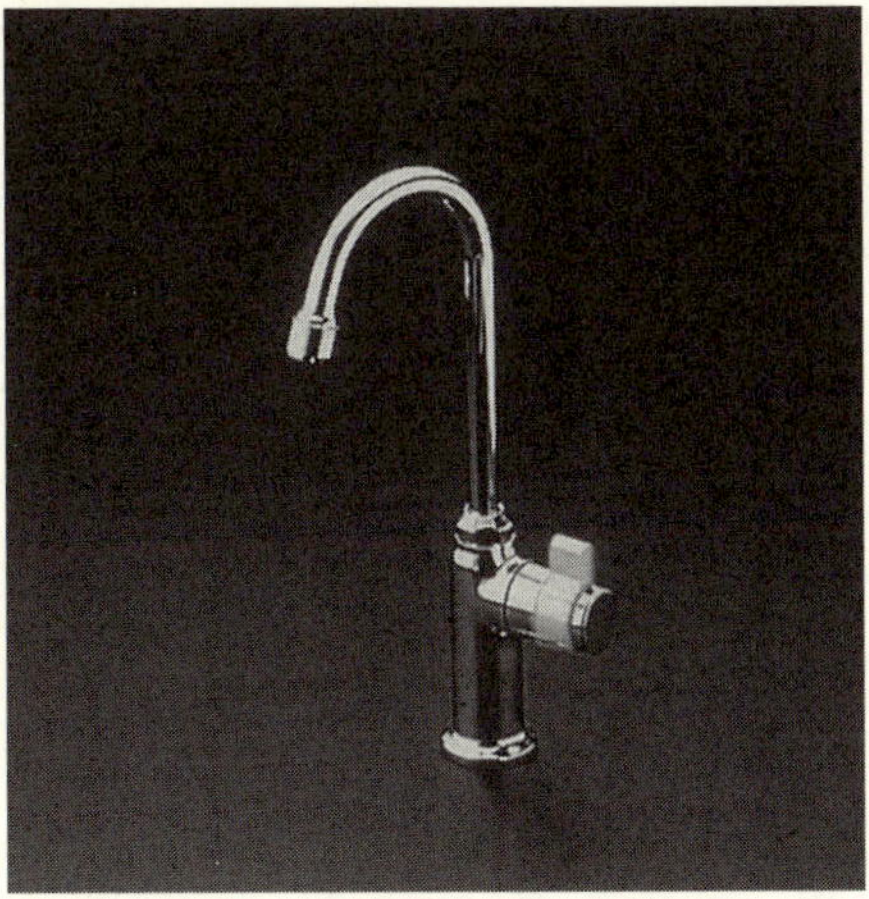

図3－4　グースネック水栓

写真提供／TOTO

お湯用の水栓

お湯を出す水栓は、パッキンなどに耐熱性があり、ハンドルなど直接さわる部分に熱が伝わりにくいように、耐熱性の合成樹脂などで作られているものがたくさんあります。

二つハンドルの混合水栓では、右が水用で左がお湯というのが原則です。しかしシャワーとバス水栓の切り替え方法には原則がありません。ホテルやゴルフ場の浴室で、切り替えに苦労した経験のある人は結構多いでしょう。

筆者もスペインの由緒あるホテルで苦労しました。いくら左右にひねってもシャワーが出てこないので、いったんはシャワーを諦めようとしました。しかし専門家なのにシャワーを浴びられないのはいかにも恥と思い直して、再チャレンジしました。

切り替えハンドルらしきものを左右に動かしたり、上下に動かしたり……、最後にノブを引っ張りながら右へ回したら、めでたくシャワーが出てきて、必死の努力は報われました。

水栓の水量・水圧

水栓から出る水量は、洗面台では一分間に約一〇リットルとされています。もちろん配管内にかかる水圧、コックのひねり角度（開度）など外的な要因によって変わります。

水量は、水圧が一定なら、コックのひねり角度が三六〇度までは角度によって増加し、三六〇度以上になるとそれぞれの特性にしたがって増加します（図3–5）。

逆にひねり角度が一定なら、水圧が上がれば水量は増加します。したがって集合住宅では、たとえば一階と五階では水量が大きく異なります。

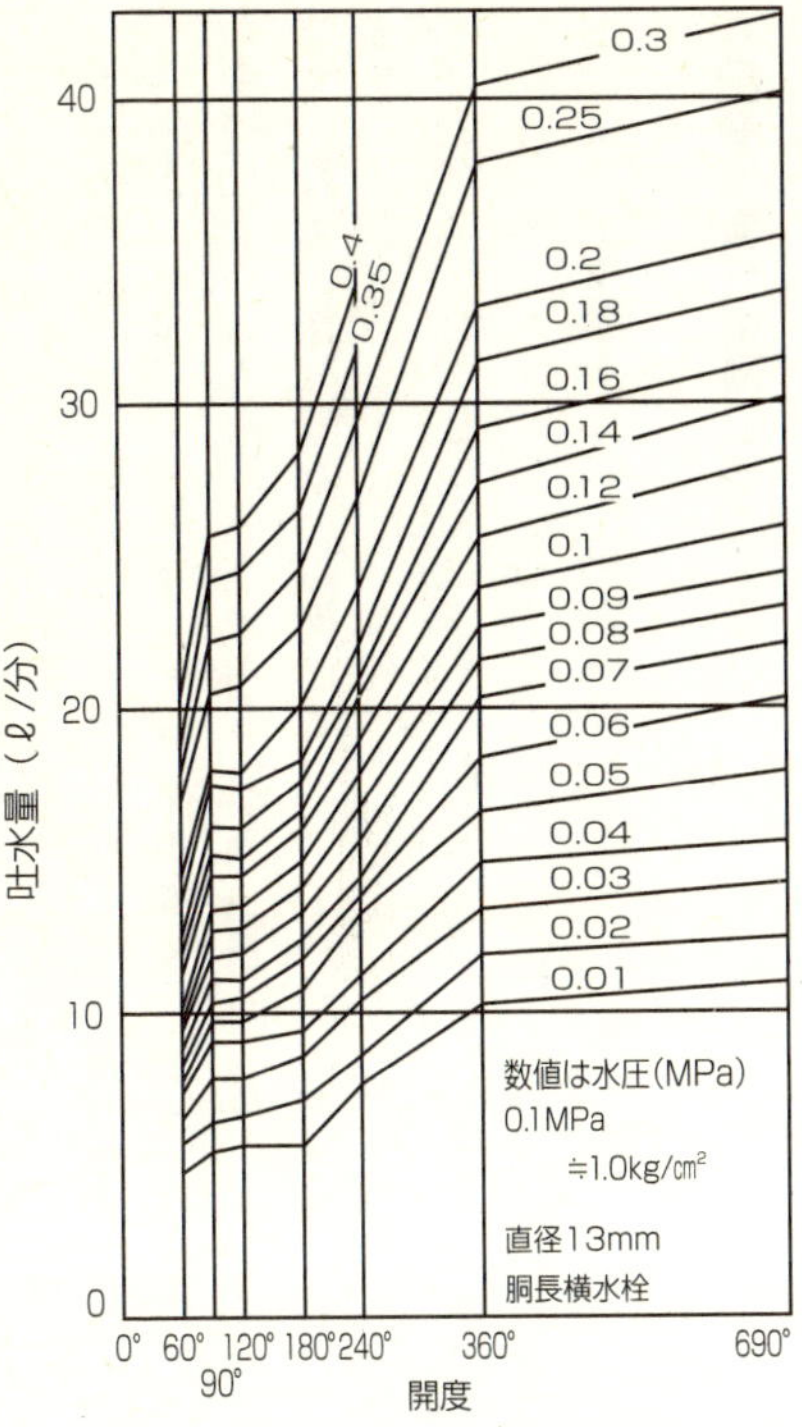
0.3
0.25
0.4
0.35
0.2
0.18
0.16
0.14
0.12
0.1
0.09
0.08
0.07
0.06
0.05
0.04
0.03
0.02
0.01
数値は水圧(MPa)
0.1MPa
≒1.0kg/㎠
直径13mm
胴長横水栓
吐水量（ℓ/分）
0
10
20
30
40
0°
60°
90°
120°
180°
240°
360°
690°
開度

図3-5　コックの開度と吐水量

紀谷文樹ほか（日本建築学会大会学術講演梗概集：1968）

◆給水管や給湯管の素材

戸建て住宅の給水管には、長らく鉛管が使用されていました。しかし近年その毒性が世界的に問題となり、塩ビ管（硬質塩化ビニール管）やポリエチレン管が出現すると、安価なこともあって鉛管に取って替わりました。また銅管やステンレス鋼管も使われています。

ビルの給水管には白ガス管（鋼管に亜鉛メッキした管）が使われていましたが、昭和四〇（一九六五）年前後から各地で赤水（53ページ参照）が出ることが多くなり、これに対応するために、鋼管の内面に塩ビを張り付けた管やポリエチレンを塗装した管に変わりました。このような管をライニング鋼管といいます。

しかしライニング鋼管でも、管の切り口には鋼が露出するので、そこが錆びて赤水が出ることもありました。そこで最近では、管端が水に触れないようにした管端防食継手が使われています。鋼管はこのような問題点があるので、昭和四〇年代からステンレス鋼管もかなり使用されています。なお、塩ビ管などの樹脂管は防火上の制約があるので、一般のビルではあまり使われていません。

また給湯管は、住宅では銅管や耐熱性塩ビ管が多く使用されていましたが、最近ではポリブテン管や架橋ポリエチレン管なども登場しています。一般のビルの給湯管には、銅管や耐熱性の塩ビライニング鋼管が多く使われています。

配管は自分で取り替えてよい？

水道本管（水道法では「配水管」といいます）に直結している給水管および給水用具は「給水装置」と呼ばれます。

給水装置の構造および材質は、定められた基準に適合していなければなりません。また配水管に直結している給水管は、水道法が規定する配管を使用しなければならないことになっています。そして給水装置の工事は、指定給水装置工事事業者でなければできません。

以上のことから、一般の人が勝手に配管することはできないのです。ただし受水槽がある場合は、受水槽以降の給水管は、法律上は給水装置ではないので、とくに規定はありません。

3−3 給水管に汚水が流れるとき

クロスコネクション

給水管とその他の用途の配管とを接続することを、クロスコネクションといい、禁止されています。ポンプの故障や給水管の修理などによる断水などで、給水管内の圧力が低下することがあります。また接続先の配管内の圧力が、加熱などによって給水管の圧力よりも高くなることもあります。このような場合、クロスコネクションされていると、接続先の配管内の流体が給水管に逆流して混ざってしまうからです。

それを防ぐため、給水管とその他の配管の間に逆止め弁を取り付けても、その逆止め弁がごみを噛んで完全に作動しないこともあり、逆流する可能性が残ります。

こうした理由でわが国では、クロスコネクションは法律で禁止されているのです。

逆サイホン

またクロスコネクションがなくても、給水管に汚水が逆流する場合があります。

ふぅ…
いい
お湯
だったわ
じょー
キャー
汚い水が!!
じょー
故障・断水!!

図3-6　逆サイホンの一例

たとえば、上の階でハンドシャワーなどを浴槽に放り込んだままにしているとき、ポンプの故障によって断水した場合などです。このとき下の階で蛇口を開ければ、給水管内が負圧になり、シャワーを通して浴槽の水が給水管内に吸い上げられて、下の階の蛇口から出てきてしまいます（図3-6）。

このような現象を、逆サイホン作用といいます。

逆流事故

もっとも有名な給水管の逆サイホン作用による逆流事故は、一九三三年にアメリカのシカゴ万博会場のホテルで起きた事故です。このときは浴槽や便器の水が給水配管に逆流し、四〇九人のアメーバ性赤痢患者が発生し、九八人もの人が亡くなりました。

この事故をきっかけに、給水管の逆流防止策の研究が行われ、後述するエアギャップの必要性やその高さの決定、バキュームブレーカーなどが開発されました。

しかしアメリカでは現在も、給水管と消火配管や冷暖房配管などがクロスコネクションされています。事故防止のため、スプリングやゴム製のダイアフラムなどを使った高性能の逆流防止装置をはさみますが、これらの劣化やごみ噛みなどのチェックのため、一年程度ごとに検査され、逆流防止装置検査資格者の制度もあります。それでも、わが国と比較にならないほど多くの逆流事故が起きています。

わが国の給水管の逆流事故は、昭和二三（一九四八）年に起きた死者三人を含む五五〇人の腸チフス患者の発生をはじめとして、浄化槽からの汚水、メッキ工場からの六価クロムを含んだ水、重油を含んだ井戸水、建材店からのコンクリート発泡剤を含んだ水、ゴムホースのにおいの付いた水、入浴剤の混じった家庭の風呂水などが逆流した事故が報告されています。

ただし、逆流しても水の色やにおいに異常が発生しなかったり、患者が発生しなかったりすると、気づかれないこともあり、実際には、はるかに多くの事故が起きていると考えられます。

エアギャップ

こうした事故を教訓に、水道法と建築基準法では、逆サイホンを生じないような配管にしなければならないと規定しています。その一つがクロスコネクションの禁止ですが、その他、水栓のエアギャップの確保も重要です。

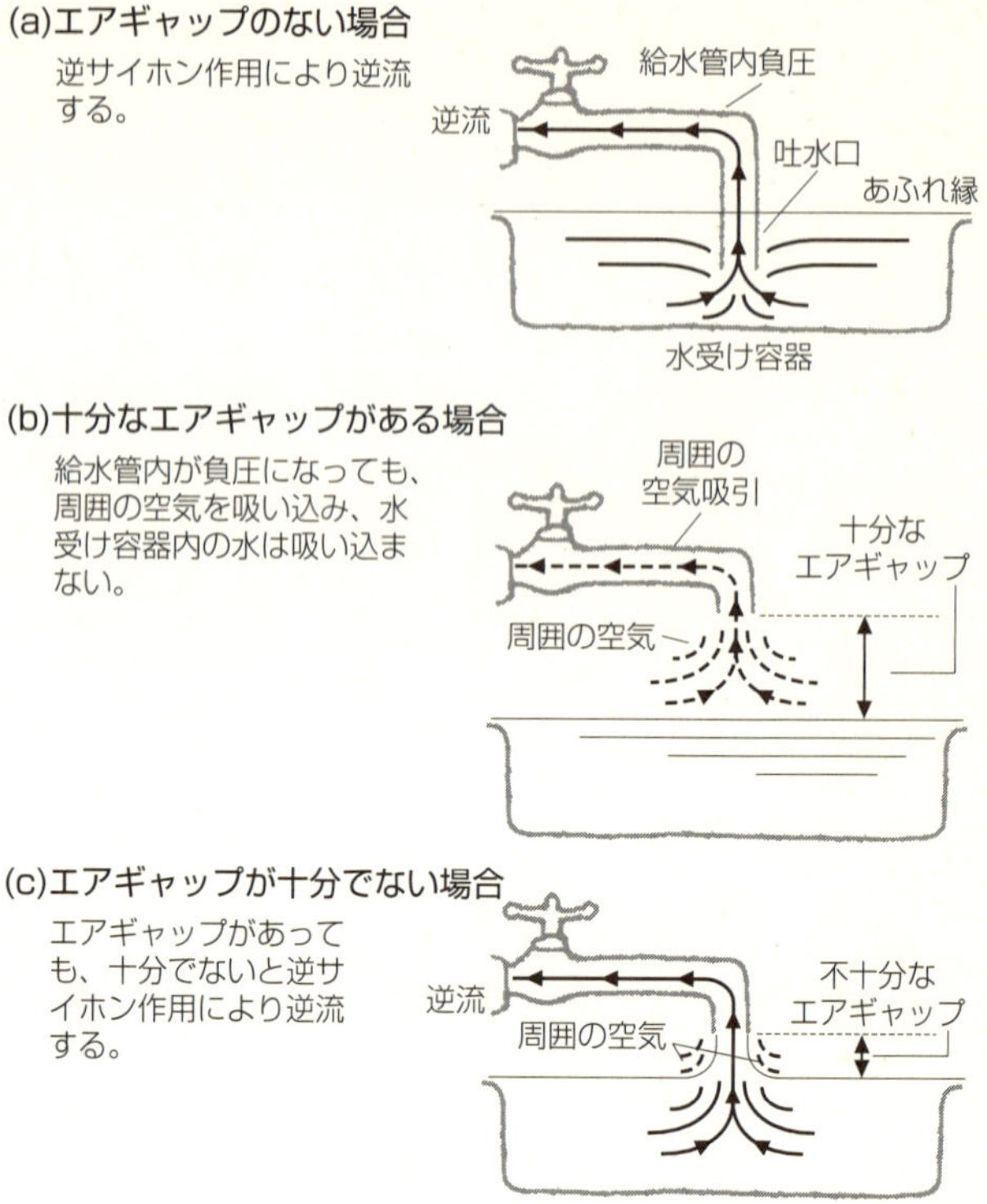
(a)エアギャップのない場合
逆サイホン作用により逆流する。
給水管内負圧
逆流
吐水口
あふれ縁
水受け容器
(b)十分なエアギャップがある場合
給水管内が負圧になっても、周囲の空気を吸い込み、水受け容器内の水は吸い込まない。
周囲の空気吸引
十分なエアギャップ
周囲の空気
(c)エアギャップが十分でない場合
エアギャップがあっても、十分でないと逆サイホン作用により逆流する。
逆流
不十分なエアギャップ
周囲の空気

図3-7　エアギャップ（吐水空間）

たとえば図3-7(a)のように吐水口が水没していると、容器の中の水が逆サイホン作用によって給水管内に逆流してしまいます。

これを防ぐために、吐水口の先端と容器から水があふれ出る縁（あふれ縁）との間に十分な高さを設けて、給水管内が負圧になっても、容器内の水を吸い上げないようにします（同図(b)）。

この高さをエアギャップ（吐水口空間）といいます。エアギャップが十分でないと、同図(c)のように、周囲の空気とともに容器の水も給水管内に吸い込まれてしまいます。

容器にオーバーフロー管があっても、排水が詰まっていたり、流れが悪かったりすれば、水は容器のあふれ縁まで上昇してきます。そこでエアギャップは、あふれ縁から確保しなければなりません。

バキュームブレーカー

逆サイホン作用の発生を防止するには、エアギャップの確保がもっとも確実な方法ですが、大便器のように、エアギャップを確保できない器具も少なくありません。そのような場合には、負圧になろうとする給水管内に周囲の空気を入れて逆サイホン作用を防ぐ、バキュームブレーカー（次ページ図3－8）を設置します。

バキュームブレーカーが逆流を防ぐのは、次のような仕組みによります。

洗浄弁から水が流れているときは、チャッキ弁は弁座Cに押しつけられ、水が漏れることはありません。また水が流れていないときは、チャッキ弁と弁座C、Dの間に隙間があって、管内A、Bは大気圧となっています。そして万一断水して管内Aが負圧になると、チャッキ弁は弁座Dに引きつけられてふさぐので、便器から汚水を吸い上げることはありません。

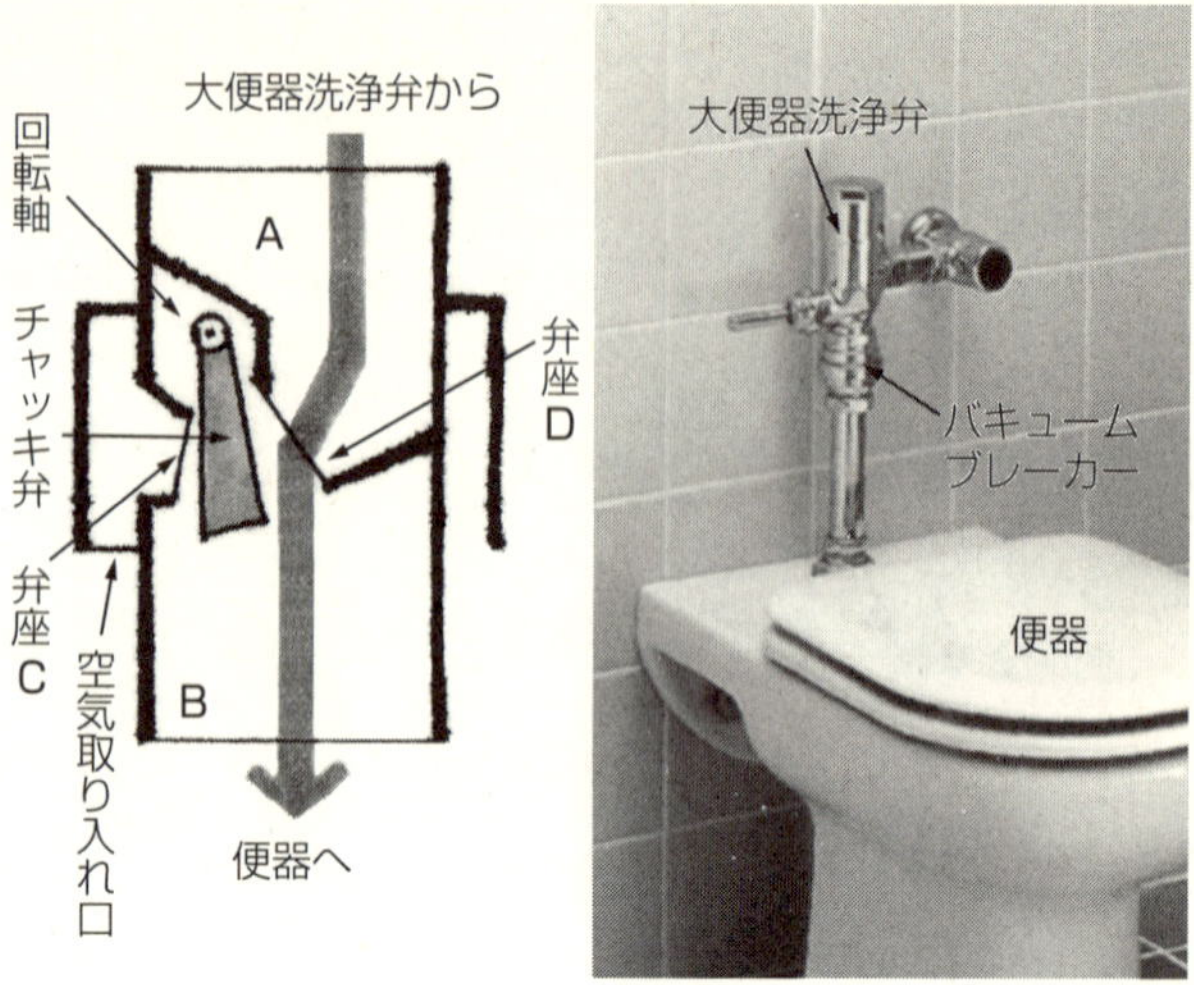
大便器洗浄弁から
回転軸
A
チャッキ弁
弁座D
弁座C
空気取り入れ口
B
便器へ
大便器洗浄弁
バキュームブレーカー
便器

図3-8　バキュームブレーカー

バキュームブレーカーの設置高さ

　バキュームブレーカーの製品化にあたっては、さらに安全を期すため、弁にごみがはさまった場合を想定して、弁が完全には閉じない状態で真空ポンプで管内Aを負圧にし、便器の水位がどれくらい上昇するかを測定する負圧破壊性能試験をします。こうした試験の結果、バキュームブレーカーを設置する高さは、便器のあふれ縁から負圧破壊性能の二倍（一般に一五センチメートル）以上とすることが定められています。

　なお、ここで述べたバキュームブレーカーは、水が流れるとき以外は水圧のかからない「大気圧式バキュームブレーカー」と呼ばれるタイプです。この他、常時水圧のかかる側に設ける「圧力式バキュームブレーカー」もあります。

3―4　受水槽と高置水槽の水

ビルには受水槽がなぜ必要？

最近では四〇〜五〇階建てのビルも珍しくありません。このようなビルを建てられる条件はいろいろありますが、高層階でも水が不自由なく使えることもその一つです。しかし水道本管の水圧では高層ビルの上まで給水することは不可能です。水道本管の水圧が利用できるのは、一般には三階程度が限度です。

そこで大きなマンションやビルなど、水をたくさん使うときや、高いところに給水する場合、あるいは高い水圧を要するときには、受水槽が設置されます。

受水槽には水道本管から水道水が供給されています。建物内に配水するには、受水槽の水をポンプでいったん屋上の高置水槽に送って、そこから重力で各所に給水する方法と、水量に応じてポンプの回転数を変えて、直接、受水槽から各所に供給する方法があります。

なお昭和五一（一九七六）年以前の建物では、受水槽の多くが敷地利用の効率化のため建物の地下（地中）に作られました。しかし現在では、汚染防止の見地から、地下の機械室に設置するか、地上設置型でなければならないことになっています（次ページ図3−9）。

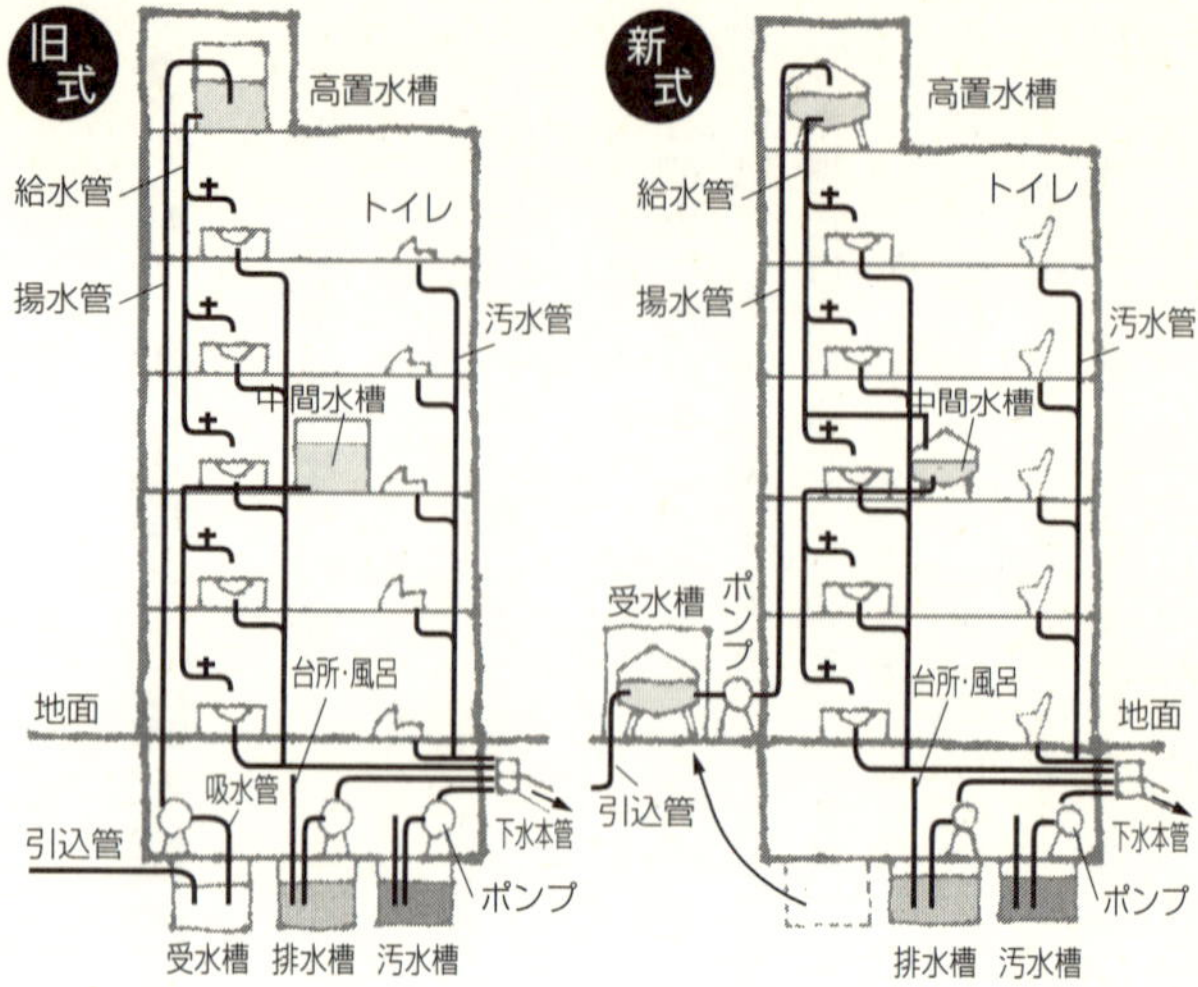
旧式
高置水槽
給水管
揚水管
トイレ
汚水管
中間水槽
台所・風呂
地面
吸水管
引込管
下水本管
ポンプ
受水槽
排水槽
汚水槽
新式
高置水槽
給水管
揚水管
トイレ
汚水管
中間水槽
受水槽
ポンプ
台所・風呂
地面
引込管
下水本管
ポンプ
排水槽
汚水槽

図3-9　受水槽の新旧比較

受水槽には半日分の水が

一般に水道局では、受水槽は半日分の使用量程度の容量にするよう指導しています。最近では水道の水圧が高く、めったに断水することもないので、その建物内で水をもっとも多く使う時間帯（ピーク時）でも、受水槽の水位はそれほど下がりません。したがって、受水槽は常に満水に近く、地震などで急に断水しても半日分程度、気をつけて使えば一、二日分は確保されているはずです。

地震でも受水槽は大丈夫

昭和五三（一九七八）年に起きた宮城県沖地震では水槽の被害が大きかったので、それを機会に水槽の耐震性能基準が強化されました。平成七（一九九五）年の阪神・淡路大震災では、その新基準の水槽を使ったところでは大半が被害を免れ、水の貯蔵容器として機能しました。ただしポンプが停電で動かないため、受水槽から直接水を汲み出さなければなりませんでした。また一部の受水槽は給水車からの水を溜め、近隣の住民に給水しました。

阪神・淡路大震災では、被災当初の数日間は水の供給が絶たれ、飲料水にも困ったという話を聞きます。その後は給水車が動けるようになって、飲料水は確保できました。しかし上水道や下水道の被害が大きく、完全に復旧するまでに数ヵ月を必要としました。その間は調理、洗顔、入浴、洗濯、水洗トイレといった面では不便を強いられました。

そのようなことから、マンションなどでは、受水槽を設けたほうがよいのは明らかです。

●受水槽の掃除

受水槽は、開放式のためほこりやごみが入る他、もらい錆といって水道本管内の錆が入る場合があり、清潔にしておくためには定期的に清掃する必要があります。

一〇立方メートルを超える受水槽や特定の建物では、一年に一回以上清掃することが規定されています。もちろんその他の建物でも、清掃しなければ受水槽はほこり、錆などで真っ黒に汚れてしまいますから、やはり一年に一回程度は清掃する必要があります。

使用中の受水槽や高置水槽を、次ページ図３−10に示すチェックポイントで確認してみてください。

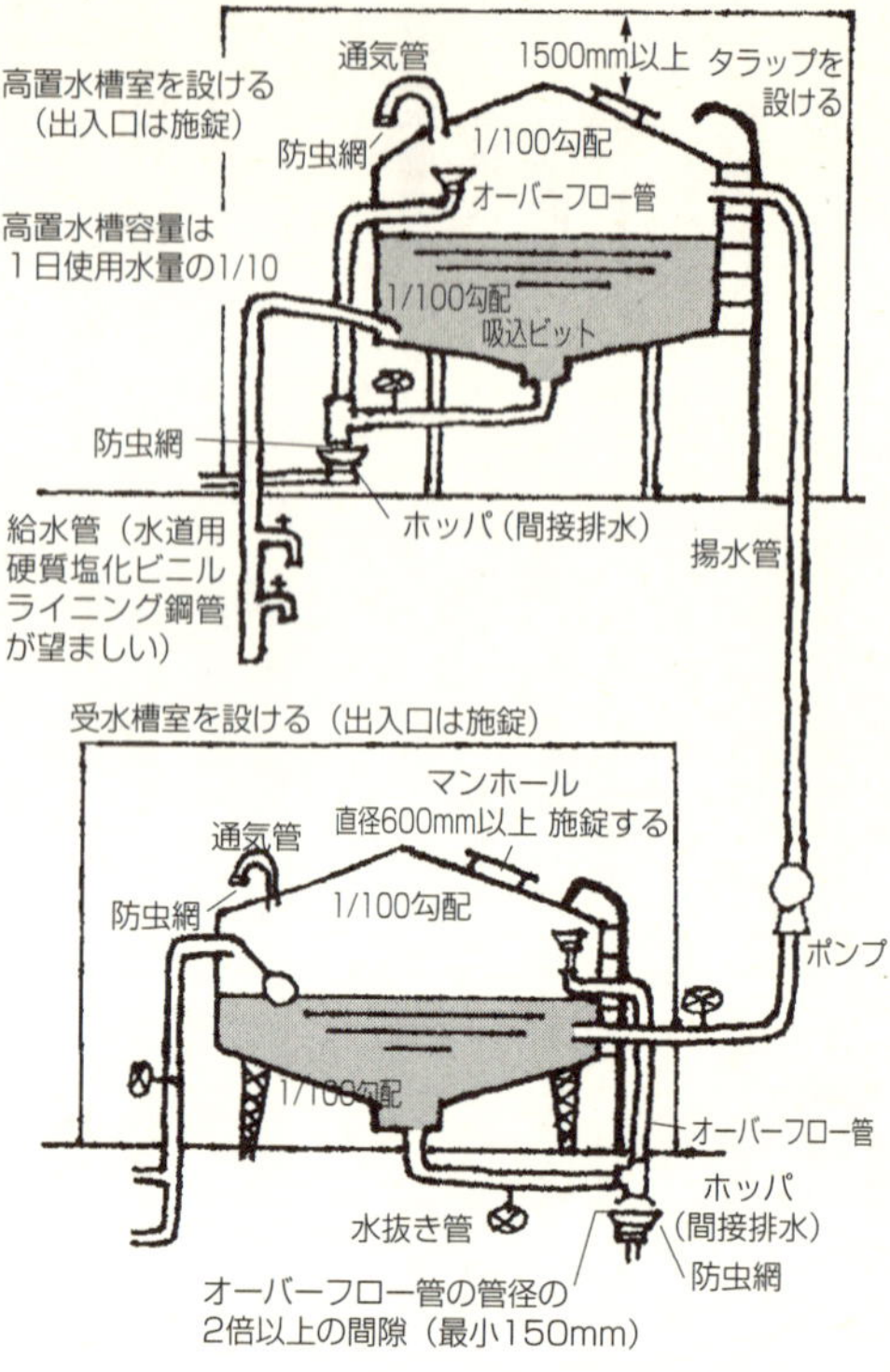

高置水槽室を設ける
（出入口は施錠）
通気管
1500mm以上
タラップを
設ける
防虫網
1/100勾配
オーバーフロー管
高置水槽容量は
1日使用水量の1/10
1/100勾配
吸込ピット
防虫網
ホッパ（間接排水）
給水管（水道用
硬質塩化ビニル
ライニング鋼管
が望ましい）
揚水管
受水槽室を設ける（出入口は施錠）
マンホール
直径600mm以上 施錠する
通気管
防虫網
1/100勾配
ポンプ
1/100勾配
オーバーフロー管
ホッパ
（間接排水）
水抜き管
防虫網
オーバーフロー管の管径の
2倍以上の間隙（最小150mm）

図3-10　受水槽のチェックポイント

ポンプの原理

高いビルの屋上に備えられた高置水槽に水を送るのはポンプの役目です。ポンプは給水だけでなく、排水設備、火災時に自動的に火を消すスプリンクラー設備、冷暖房の冷温水を循環するポンプなど、数多く使われています。

ポンプはどのような原理で水を高いところまで揚げているのでしょうか。

水を入れたバケツを手に持ってふり回すと、遠心力で水がこぼれないという実験（遊び？）をした人がいると思います。ポンプはこの現象を利用しています。

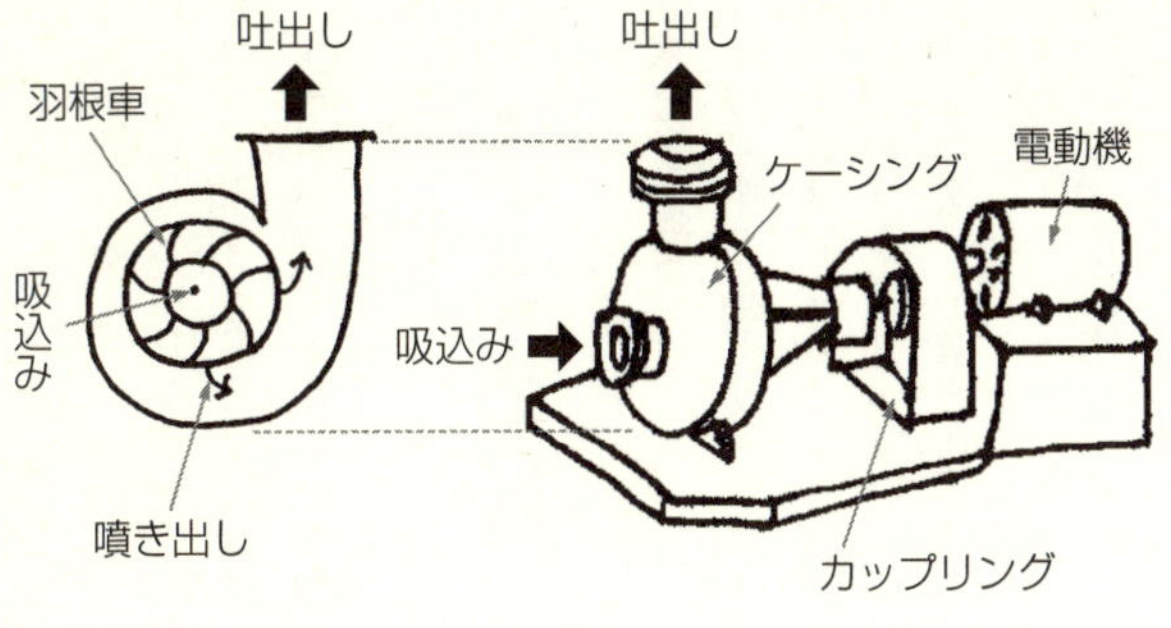
吐出し
吐出し
羽根車
電動機
ケーシング
吸込み
吸込み
噴き出し
カップリング

図3-11　揚水ポンプとその原理

ポンプの中には羽根車が組み込まれています（図3-11）。これを高速で回転させると、バケツを回したときと同じように水に遠心力が働き、羽根車の外側にある小さな開口部から勢いよく水が飛び出します。この飛び出した水を配管で導けば、水を高いところまで揚げることができるのです。

どこまで水を揚げられる？

羽根車が一つのものを単段ポンプといいます。羽根車を直列に何段もつなげる多段ポンプは、それだけ水圧が上がり、より高い階まで直接水を揚げることができます。では一気にどこまで揚げられるでしょうか。

高くまで揚げるには水圧を上げなくてはなりません。それには羽根車の能力以上に、配管材料が水圧にどこまで耐えられるかが問題になります。

一般に使われている配管材料の耐圧は、一平方センチメートルあたり一〇キログラムです。そこから計算すると一〇〇メートル程度なら一気に揚げられます。しかし安全率を考慮すると、実際には一五階くらいまでしか揚げられません。それ以上高いところに水を揚げる必要があるときは、より高い圧力に耐えられるポンプや配管材を使うか、途中に中継点をおいて揚げていきます。

ちなみにポンプの材質には鋳鉄が多いのですが、水道用では、近年、ステンレス鋼製やナイロンコーティング製のポンプが用いられています。これは後述する赤水に対する防止策の一環です。

3-5 赤水対策

赤水と水道管

赤水は、第2章で述べたように無害です。しかし単に水が赤くなるという問題ではなく、配管の腐食と耐久性にかかわる問題ですから、設備技術者にとっては無視することはできません。

赤水は鉄管が腐食していることを意味しています。水質分析で鉄分の濃度を調べるのは、飲み水としての適・不適を判定するばかりでなく、配管や機器の腐食の程度を判定するのにも利用されています。

ちなみに、水道水には殺菌のために塩素(次亜塩素酸)が添加されていますが、通常一リットルあたり一ミリグラム以下の濃度なので、鉄管の腐食には大きな影響は及ぼしません。

　また先進欧米諸国では、給水系に銅管、樹脂管が使用されていることなどから、赤水は少なく、むしろ銅管からの銅の溶出や、古い鉛管からの鉛の溶出問題に苦慮しています。

白ガス管は軟水が苦手

　かつて給水管には白ガス管（溶融亜鉛メッキ鋼管）が使われていました。これは炭素鋼管を酸で洗ってから融けた亜鉛に漬け、引き上げることによって鋼管内面に〇・一ミリメートル程度の厚さに亜鉛層を付着させ、耐食性を持たせた管です。

　しかし白ガス管も、時間とともに腐食によって亜鉛メッキ層が消失し、素地の鋼の腐食がはじまり赤水が出るようになります。とくにわが国は軟水で、やや酸性傾向のため、亜鉛層は比較的早く腐食して消失し、赤水を発生させがちでした。したがって今では、給水配管材料として白ガス管は使われなくなりました。

　一方、カルシウムやマグネシウムイオン濃度が高い硬水地帯では、白ガス管を使っても内面に炭酸カルシウムが析出して亜鉛メッキ層を保護してくれます。ただし硬度が高すぎると、炭酸カルシウムの析出によって、ひどい場合には管が詰まってしまう弊害もあります。

赤水の対策は？

　前述（77ページ）しましたが、赤水対策のため、わが国では白ガス管に代えて、鉄管内面を樹脂で被覆した硬質塩化ビニルライニング鋼管やポリエチレン粉体ライニング鋼管が開発されました。鉄管内面を樹脂で被覆すれば赤水を回避できると考えられたからです。

ところが配管施工時に、どうしても管の切断面に鉄が露出してしまいます。この管端部の腐食が意外に著しく、赤水にとどまらず、管の接続部から漏水も懸念されることとなりました。そこで管端部を保護するための防食継手が開発、改良され、管端部の腐食が防止できるようになっています。

配管の若返り

こうして赤水問題は、今や、老朽化した給水・給湯配管を若返らせる腐食対策技術として位置づけられるようになっています。

今日、配管を若返らせる技術として次のような方法が行われています。

①給水管内面の錆を除去したのち、エポキシ樹脂で覆う。
②給水管に水酸化カルシウム（消石灰）溶液を注入して水の硬度を高める。
③電気防食法を適用し、配管内面をマイナスに帯電させて腐食しないようにする。
④脱気装置により水中の溶存酸素を除去して、水の腐食性（酸化力）を減らす。

当初は、水道水にポリリン酸ナトリウムを微量添加する方法が多用されました。この薬剤は、鉄イオンに配位した水分子にリンが置き換わることにより赤色を消失させます。ただし必ずしも腐食を止めることにはなりません。

微量なら毒性はなく、わが国では一リットルあたり五ミリグラム（五酸化リン換算）を超えない範囲で、ポリリン酸塩を注入することが認められ、ビル給水配管の赤水防止に盛んに用いられました。しかし微量とはいえ給水管に薬剤を注入するのには抵抗感があり、現在ではあまり使われていません。

赤水と、わが国で独自に開発された塩ビライニング鋼管とは、軟水という水質条件が生み出す、わが国固有の問題なのです。

3-6　節水器具はどれほど役立つ？

節水の心がけ

水もまた地球の貴重な資源です。わが国は水がきれいで豊富だとされていますが、近年、都市部では水不足が深刻化しています。水も大切に使いたいものです。一人が一日に使う水量は平均二五〇リットルですが、心がけ次第で、それを二〇パーセント程度減らすことができるといわれます。

節水は、水を使う人の心配りでできることと、節水器具でできることがあります。

心配りの第一は水栓をきちんと閉めることです。水栓が壊れていたりよく閉めないでおくと、ポタ、ポタと水が落ちます。二秒に一回、ポタ、ポタと落ちるのをほっておくと、一日で約七リットルの水が無駄になります。ポタ、ポタではなく、一〜二ミリの細さで糸のように流れ落ちるなら、一分間に二五〇ミリリットルくらいの水量となります。そうなると一日では三六〇リットルですから、一人が一日に使う水量より多くなってしまいます。

その他、風呂の水の入れすぎを防ぐ風呂用水位ブザー、風呂の湯を洗濯に使用するポンプ、大便器使用時に水を流さないですむ流水擬音装置なども、無駄な水を使わないですます方法です。シャワーヘッドに手元スイッチが付いたものを利用すれば、水や温水の切り換え、開閉が容易で、結果として節水につながります。

水圧の調整

水道本管の水圧が高いと、水栓を開いたときに水が流れすぎてついつい無駄になります。台所や流しの水栓には流しの下にバルブがある場合は、それを水栓を全開にしたときにも水が跳ねない程度に絞ると、使いやすい流量になります。

水量が多すぎるのは、水栓を閉めたときにウォーターハンマー（配管の中で水による衝撃音が発生すること）の原因ともなるので、その点からもよくありません。

台所や洗面所のように水栓の操作で水量が変わるところには、節水コマ（図3-12）を取り付けると、知らず知らず水量を減らし、節水できます。家庭で一般に使われている水栓は、コックを九〇度開くと一分間に一二リットル流れます。ここに節水コマを取り付けると、半分の六リットルしか流れません。コックを全開にしたときは節水コマなしと同じになるため、使いにくいということはありません。

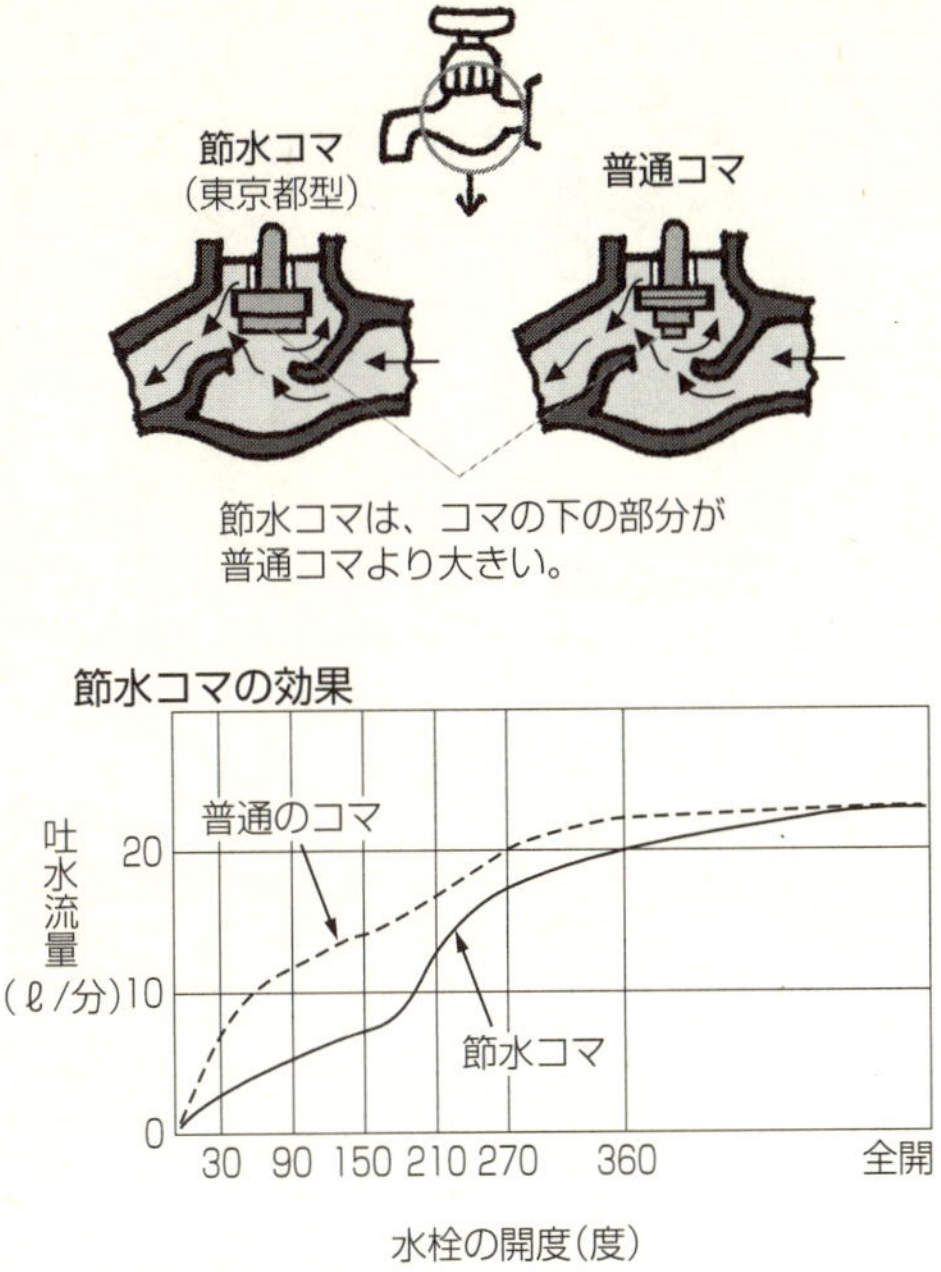
節水コマ
(東京都型)
普通コマ
節水コマは、コマの下の部分が
普通コマより大きい。
節水コマの効果
普通のコマ
吐水流量
(ℓ/分)
20
10
0
節水コマ
30 90 150 210 270 360 全開
水栓の開度(度)

図3-12　節水コマとその効果

東京都水道局のパンフレット

節水器具

節水型の器具もいろいろ登場しています。

たとえば大便器は、かつては一回あたりの洗浄水量が二〇リットルもありました。それが一九八〇年代に一三リットルの節水便器が開発され、さらに最近では、大小切り替えで大洗浄が八リットル、小洗浄が六リットルの節水便器が開発されています。

水洗便器には臭気を防ぐ一定量の「張り水」が必要です。また便器の周囲の孔から水を流して渦をつくり、汚物を中央に集めて流します。節水便器は、張り水部分をラッパのようにして、表面積を保ちながら容積を減らしてあります。周囲の孔は直径五ミリメートルのものを二〇個あけます。前方の二、三個は細長くして、ここからの水で渦をつくり、落とし込みます。排水路もできるだけシンプルにして、流れをスムーズにします。

このような最新の節水便器では、従来の便器に比べて二三パーセント減、四人家族で年間八七六〇リットルも水を節約できるのです。

また小便器についても、事務所、学校などで感知式自動洗浄装置が採用され、大幅に節水できるようになりました。

ちなみに大便器の洗浄水を節水するため、洗浄タンクにレンガやビンを入れる人がいます。しかし洗浄水は便器から汚物を流し出し、便器内を清浄にするとともに、水にのせて汚物を排水本管まで運ぶ役割があります。各便器にはそのために必要な最小水量がありますから、水量を極端に少なくするのはおすすめできません。

●節水型全自動洗濯機

四人家族の一日あたりの水使用量は約一〇〇〇リットルですが、このうち二二パーセントが洗濯に使われています。

洗濯は、衣類に付いた汚れやしみを引き離し、水に溶ける汚れは溶かし、水に溶けない汚れは洗剤を使って水の中に分離し、その上で汚れが再度衣類に付かないようにして、水とともに流し去るのです。したがって、水が大きな役割を担っています。

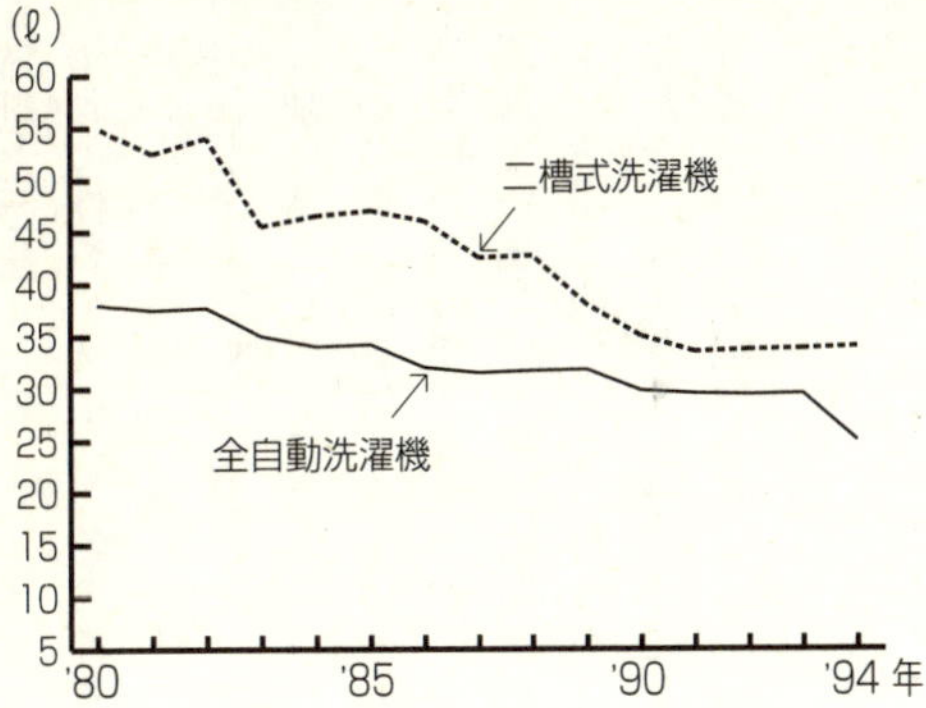
(ℓ)
60
55
50
45
40
35
30
25
20
15
10
5
二槽式洗濯機
全自動洗濯機
'80
'85
'90
'94年

図3-13　洗濯物1kgあたりの使用水量

日本電気工業会電気洗濯機技術専門委員会

洗濯機メーカーは、洗濯ドラムの形式や運転方法を改良して、節水、省エネに努めています。たとえば全自動洗濯機は、昭和四八（一九七三）年に本格的に登場した当初は、一キログラムの洗濯物を洗うのに七八リットルの水を使っていました。これが昭和五五（一九八〇）年には三九リットルになっています。さらに最近の洗濯機は、一二～二〇リットルまで減らすことに成功しています（図3-13）。

節水型全自動洗濯機は、標準コースのすすぎが「ためすすぎ」となっており、注水すすぎ方式より五五リットルも使用水量を減らすことができるのです。

洗剤と石鹸

汚れの性質や洗剤、石鹸の性質を知って使うことも節水につながります。

石鹸や洗剤は水に溶けない汚れを落とします。石鹸は油汚れ、合成洗剤はタンパク質や石油系の汚れが得意です。硬水では、含まれているカルシウムやマグネシウムが、有効成分である界面活性剤と結合して水に溶けないかすを生じ洗浄力を落としてしまいます。

たいていの汚れは、冷水よりも温水のほうがよく落ちます。水温が上がると汚れの分子の活動も活発になるので、洗浄力が上がるのです。ぬるま湯から冷水での洗浄力は、合成洗剤が石鹸より優れていいます。石鹸は水温が高いほど、水に含まれる金属分が少ないほど、洗浄力は高くなります。お湯での洗浄力は石鹸が合成洗剤を上まわります。

洗剤を入れすぎて泡だらけになると、泡で浮いた汚れを水にうつして排出することができなくなりますから、泡ばかりでも洗浄効果は上がりません。汚れを運び去る水が必要なのです。

第4章

浴びる水・流す水

4－1　湯沸かし器の仕事ぶり

お湯の適温は？

お湯を必要とする箇所は、必ず必要とする箇所と、より快適性を求めた結果としてあればよい箇所に分かれます。必ず必要とする箇所は風呂です。それ以外は手洗い、台所、トイレなどで、基本的に「あればよい箇所」になります。

それぞれの適温は、洗面・手洗い用は体温に比べて、夏はプラス・マイナス一度C、冬は二～四度C高めです。台所では、油のついた食器類を洗うことも考えて、夏は〇～三度C高め、冬は一～五度C高めが適温とされています。

お風呂の適温は？

お風呂の適温を心機能とエネルギー消費の面から探ってみましょう。

体温に近い三六～三八度Cでは、心拍数はあまり変化しません。これより高温になると心拍数、一回拍出量などが増えます。入浴による血圧変動は大きく、入浴直後は一時的に急上昇し、心臓に急激な負担がかかります。二～三分後にいったん下がり、入浴後一〇分ぐらいで元に戻ります。「風呂に入って疲れた」とよく聞きますが、これはエネルギーを使うからです。ちょっと熱めの四二度Ｃのお風呂に二〇分入ると、基礎代謝が上がって約二〇〇キロカロリー消費します。逆に二五度Ｃの低温浴では体温が奪われ、二〇分間で一〇〇キロカロリー程度消費します。

また高温浴や冷水浴では、交感神経が興奮します。微温浴では副交感神経が優位となり、鎮静効果があります。そこで起き抜け、目覚ましに入るなら四二度Ｃ程度の熱めのシャワーをさっと浴びる、寝る前には三九度Ｃ程度のぬるめのお風呂にゆっくり入るのが賢い入浴法です。

意外に新しい日本式風呂

大きな湯船にお湯を満たしてざぶりと入る――というのはあくまでも日本独特のお風呂で、世界的にはシャワーが主流です。

さらにその日本式のお風呂も、歴史は意外に新しいのです。というのも、大量のお湯を沸かすのには手間も燃料もかかりますから、水道やガスなど、その手間を省けるような装置が行き渡って初めて可能だからです。実際、一般家庭にこれほど風呂が普及し出したのは、第二次大戦後からでした。

瞬間湯沸かし器

お風呂を含めて、お湯を供給するには湯沸かし器が必要です。湯沸かし器には、瞬間式と貯湯式があります（次ページ図４-１）。

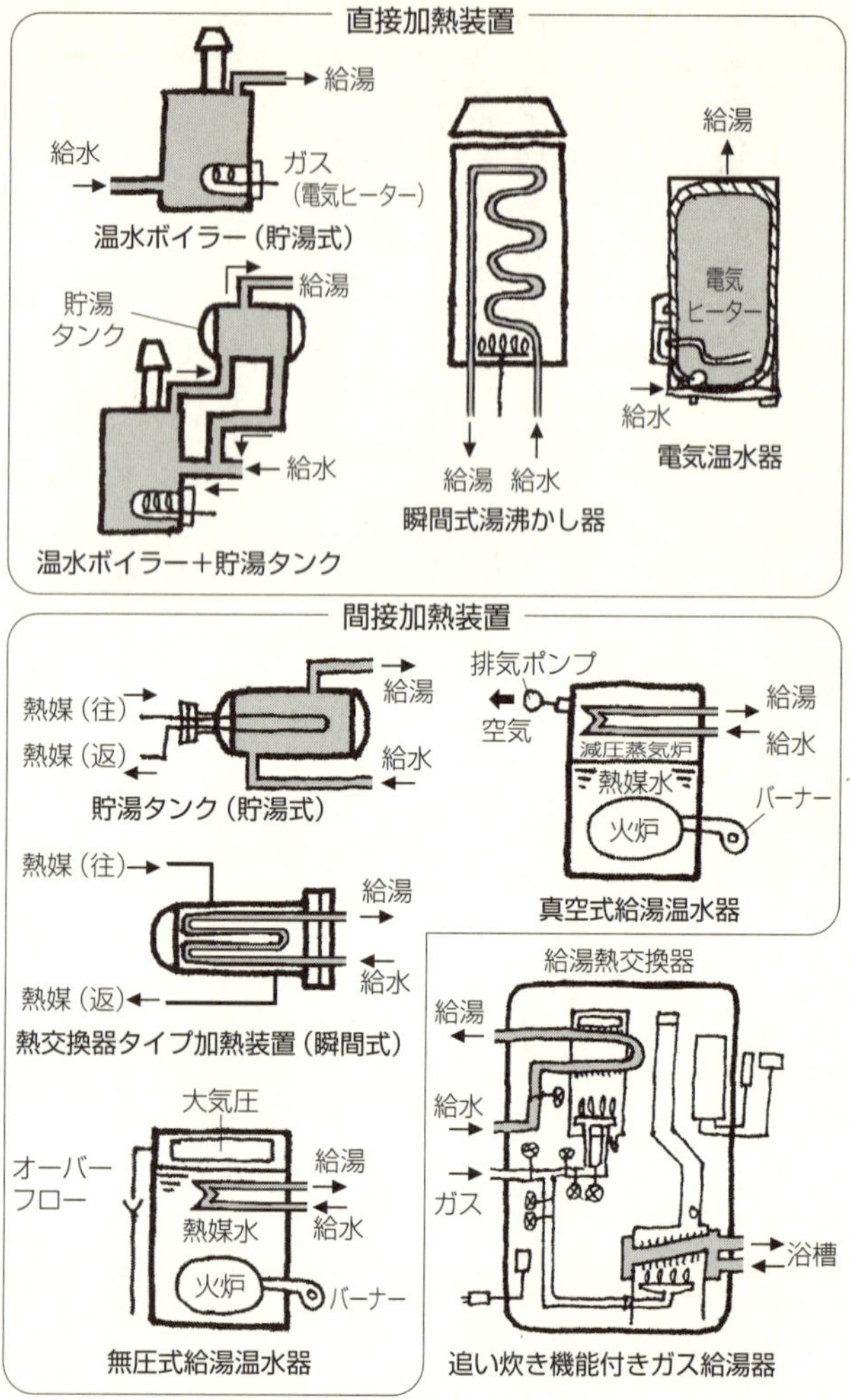
直接加熱装置
給湯
給水
ガス
（電気ヒーター）
温水ボイラー（貯湯式）
給湯
貯湯
タンク
給水
温水ボイラー＋貯湯タンク
給湯
給水
瞬間式湯沸かし器
給湯
電気
ヒーター
給水
電気温水器
間接加熱装置
熱媒（往）
熱媒（返）
給湯
給水
貯湯タンク（貯湯式）
排気ポンプ
空気
給湯
給水
減圧蒸気炉
熱媒水
バーナー
火炉
真空式給湯温水器
熱媒（往）
給湯
給水
熱媒（返）
熱交換器タイプ加熱装置（瞬間式）
大気圧
オーバー
フロー
給湯
熱媒水
給水
火炉
バーナー
無圧式給湯温水器
給湯熱交換器
給湯
給水
ガス
浴槽
追い炊き機能付きガス給湯器

図４－１　温水器の仕組み

『図解空調・給排水の大百科』（オーム社）／『建築設計資料』（丸善）

瞬間式は、水を通したコイル状の管を直接ガスなどで加熱し、連続的に湯を沸かす方式です。連続的に湯ができる利点がありますが、短時間に大量のお湯が必要になると、加熱能力の大きな機器が必要になります。短時間の需要のためだけに大きな設備を造るのは効率的ではありません。

家庭用の瞬間ガス湯沸かし器は、多くの場合、シャワーと炊事で同時に使う場合に備えて、二四号という給湯能力の湯沸かし器が設置されています。一号の給湯能力とは、一リットルの水の温度を一分間に二五度C上げる能力をいいます。

夏の水道水は二〇度C程度ですが、冬の水温は二度Cくらいまで下がります。冬の瞬間湯沸かし器の能力は、夏の六〇パーセント程度になってしまいます。そこで瞬間式湯沸かし器の能力を決めるときは、冬の水温を参考にします。

貯湯式湯沸かし器

貯湯式は大きなポットで湯を沸かして貯めておくような方式です。家庭では深夜電力温水器が多く使われています。

貯湯式湯沸かし器は、小さな加熱能力でゆっくりと湯を沸かし、貯めておくものですが、加熱能力と貯湯量を適切に選べば、瞬間的に大量に湯を使うことも可能です。急に必要な給湯量が増えて貯湯量が足りなくなることがないよう、残湯表示機能や追い炊き機能がついているものもあります。

ビルやホテルなどでは、お湯の需要の変動が大きいため、貯湯能力のある給湯装置が多く使われています。貯湯槽に入れた熱交換のコイルに、ボイラーで沸かした温水や蒸気を通して加熱する方式がとられています。

なお、お湯を沸かすのにはヒートポンプという方式もあります。

たとえば冷房の屋外機から温風が吹き出していますが、これは室内の空気の熱を奪い、外気に放出しているのです。こうした捨てられてしまう熱を回収し、熱源とするのがヒートポンプです。

シャワーの適温・適量は?

シャワーの快適さは、湯の温度、水量などによって決まりますが、これらの値は、当然、個人の好みによって多少異なります。

シャワー水温は、一般には男女とも、湯船にも入る場合は四〇・五度C程度、シャワーだけの場合には四二度C程度です。

シャワーの散水量は、シャワーヘッドにどれくらいのサイズの穴(散水孔)が、いくつ開いているかによって決まります。

一般に市販されているものは、散水孔の合計面積が約四五平方ミリメートルです。このシャワーヘッドを使ったときの快適な散水量は、一般に、男性で毎分一三リットル、女性で毎分一〇・八リットルです。

散水孔の合計面積が大きいシャワーヘッドは、一般に快適な散水量は多くなります。

シャワーの調節ハンドル

シャワーの温度調節の方法は、二ハンドル式、ミキシング式、シングルレバー式およびサーモスタット式に大別されます（次ページ図4−2）。

二ハンドル式は水と湯の二つのハンドルがあります。それぞれを回して、水栓内で水とお湯を混ぜ、湯温と散水量の調節をする、もっとも簡単な機構です。ミキシング式はこれを一つのハンドルで可能にした方式です。シングルレバー式は、ハンドルをレバーハンドルにした方式です。

これらは、シャワーの近くで他の水栓などから水や湯を出すと、水や湯の圧力が変動してシャワーの湯温も変動してしまいます。これに対してサーモスタット式は、水や湯の圧力が変動しても、サーモスタット機構の働きによって、ほとんど一定の湯温が保たれます。

レジオネラ症対策型シャワー

シャワーを使うと、体や壁などに当たったシャワーの水が極微小な水滴（エアロゾル）になって、空中にたくさん飛散します。もしもお湯の中にレジオネラ菌（111ページ参照）が繁殖していると、当然エアロゾルも汚染されていますから、これを吸い込むと、レジオネラ症を発症する可能性があります。

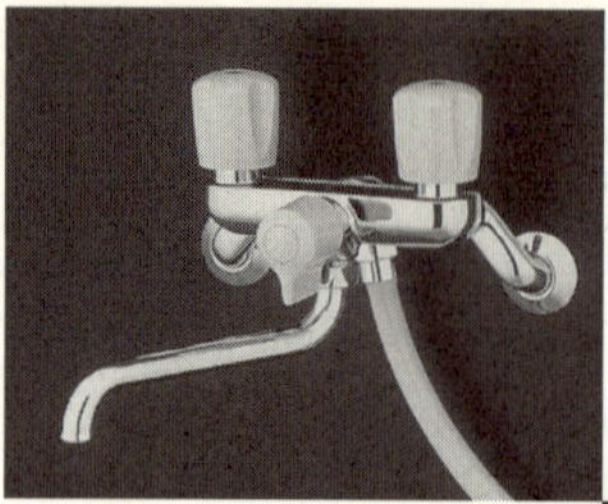

2ハンドル式
（壁付きタイプ）

ミキシング式
（埋め込みタイプ）

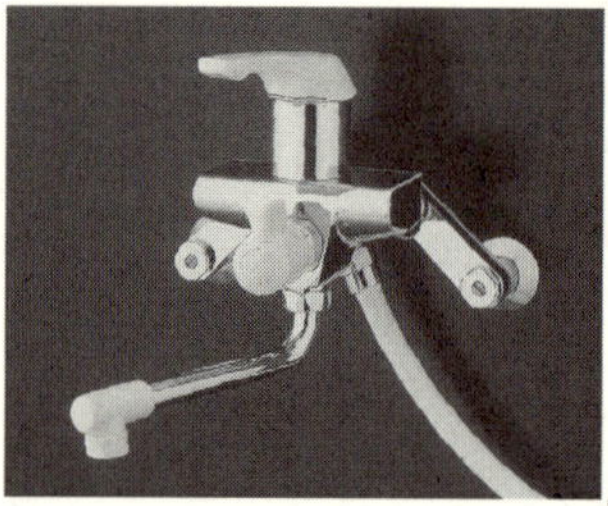

シングルレバー式
（壁付きタイプ）

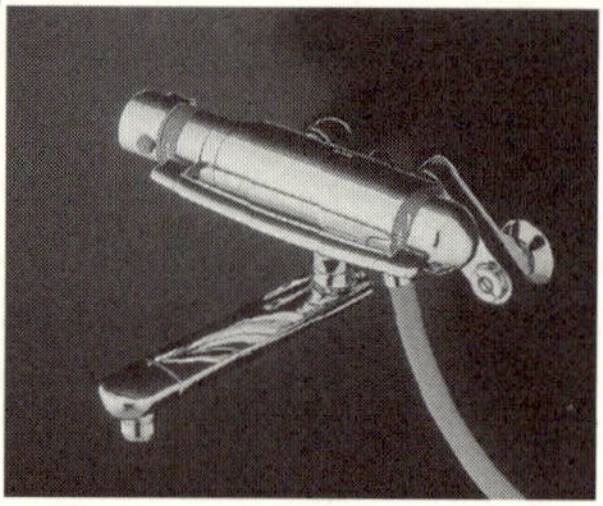

サーモスタット式
（壁付きタイプ）

図4－2　シャワーの温度調節ハンドル

写真提供／TOTO

そこでドイツには、シャワーが体や壁に当たっても、泡状になってエアロゾルの発生が少ないシャワー（シャンペン・シャワー）があります。またこのシャワーは、止めるとシャワーホースの中の湯水が排水され、残った湯水でレジオネラ菌が繁殖するのを防いでいます。

このシャワーはわが国にも輸入されていますが、シャワーの当たりが弱く、強い当たりの好きな人には向いていません。快適性と衛生性は必ずしも両立しないのです。

4-2 太陽熱温水器の仕事ぶり

太陽熱温水器の種類

夕方農作業から家に帰るとお湯が沸いていて、すぐに入浴できる。こんな便利なものはない——ということで、太陽熱温水器（次ページ図4-3）は最初農村地帯に普及したといわれています。

考えてみれば、太陽熱で水を温める習慣は、たらいを使っていた昔からありました。植物に水やりをするときも、汲みたての水ではなく、汲み置いた日なた水をすすめる園芸書もあります。

そして今や太陽熱温水器は、暮らしの水に欠かせない器具の一つになっています。

住宅用の太陽熱温水器には、自然循環式と強制循環式があります。集熱部分には、平板パネルとガラスの真空管タイプがあります（109ページ図4-4）。

サンヒーター

図4－3　太陽熱温水器

自然循環式は集熱器と貯湯槽が一体になった構造で、屋根の上などに設置されます。集熱パネルの上部が貯湯槽部分と一体で、温められた水が自然循環しながら貯湯槽に溜ります。

強制循環式は、集熱器と貯湯槽を別々に設置し、ポンプで水を強制循環して集熱するタイプです。集熱パネルの面積と貯湯槽の容量を大きく取ることができます。温まった循環水を直接使用するタイプと、熱交換器により間接的に使用するタイプがあります。間接式の場合は冬季の凍結防止のために循環水に不凍液を入れることができる利点があります。また強制循環式は、太陽熱での集熱が不足するときのために、別熱源を組み込むこともできます。

設置の注意点

地上で受ける太陽エネルギーは、たとえば東京では、一日、一平方メートルあたり、最大の八月で

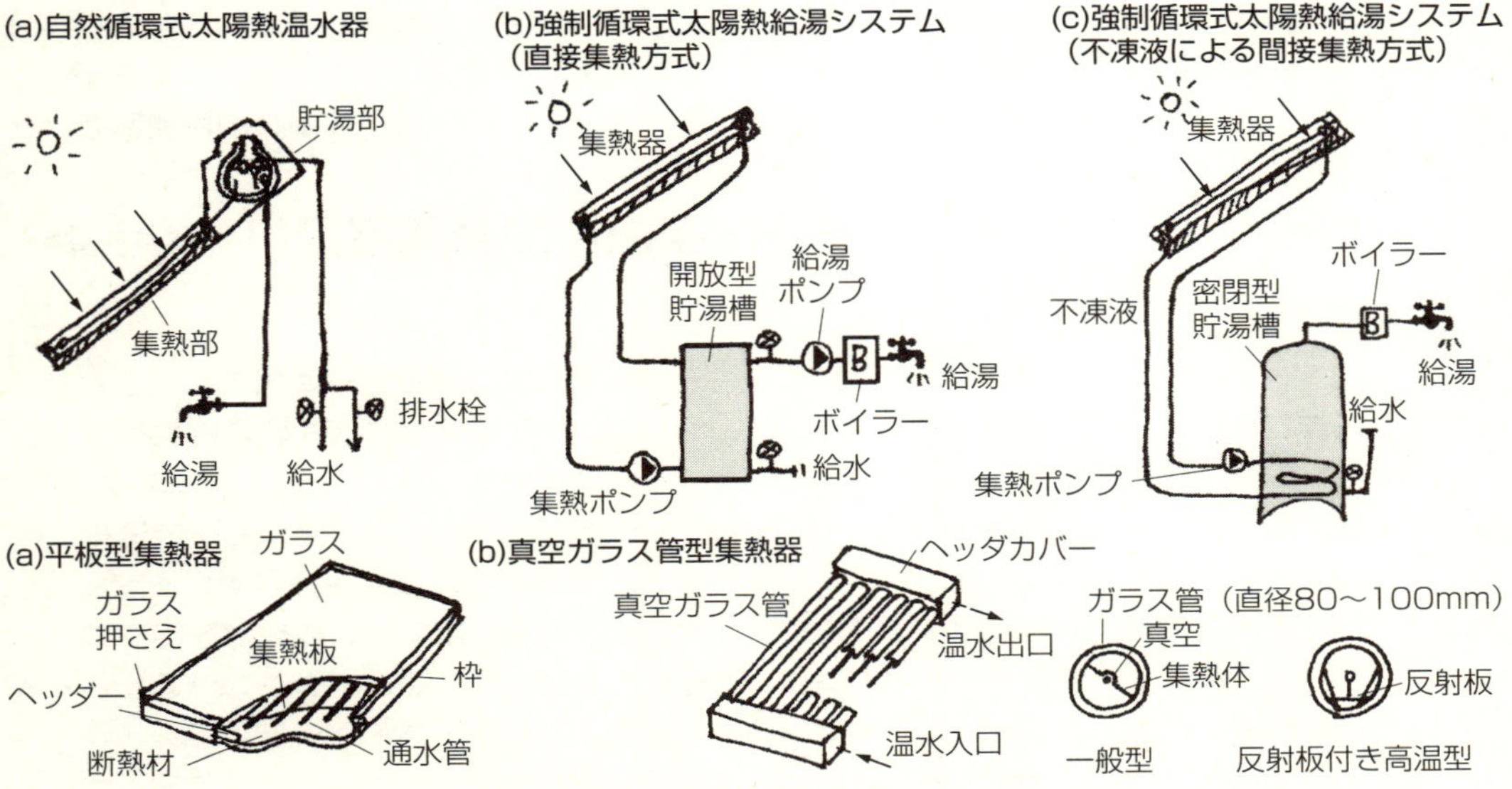

(a)自然循環式太陽熱温水器
貯湯部
集熱部
給湯
給水
排水栓
(b)強制循環式太陽熱給湯システム
（直接集熱方式）
集熱器
開放型
貯湯槽
給湯
ポンプ
ボイラー
給湯
給水
集熱ポンプ
(c)強制循環式太陽熱給湯システム
（不凍液による間接集熱方式）
集熱器
ボイラー
密閉型
貯湯槽
不凍液
給湯
給水
集熱ポンプ
(a)平板型集熱器
ガラス
ガラス
押さえ
集熱板
枠
ヘッダー
断熱材
通水管
(b)真空ガラス管型集熱器
ヘッダカバー
真空ガラス管
温水出口
温水入口
ガラス管（直径80～100mm）
真空
集熱体
反射板
一般型
反射板付き高温型

図４－４　太陽熱温水器の仕組み

『図解空調　給排水の大百科』（オーム社）

三・五キロワット、最小の一二月で一・四キロワット、年平均で二・四キロワットになります。冬の日本海側では、東京の六〇パーセント程度になってしまいます。

そこで太陽熱温水器を使う場合は、緯度、方位、設置角度、季節の変動を考慮しなければ、効率よくお湯が得られません。そのために次のような点に注意する必要があります。

① 集熱器の設置傾斜角度は一五〜三〇度とし、夏に重点を置くときは角度を小さく、冬に重点を置くときは大きな角度にする。

② 集熱器への日照時間を長くするため、設置の向きは真南からプラス・マイナス四五度の範囲にする。

③ 満水状態の温水器はかなりの重量になる上、強風により吹き上げられたり、地震の影響もあるので、地震対策、強風対策に万全を期す。

4－3　二四時間風呂の長所と欠点

二四時間風呂の浄化方式

家庭用の「二四時間風呂」は「いつでも好きなときに好きなだけ入れ、お掃除などの手間いらず。そのうえ、ガス・水道代も節約できて……」ということで、今や全国に一七〇万台も普及しています。二四時間風呂がお湯をきれいに保つ仕組みは、次のようなものです。

浴槽のお湯を、特殊な濾過材を詰めたカートリッジに通し、混じっている有機物や浮遊物を漉し取ります。やがて濾過材には、特殊な細菌などが増殖し、「生物膜」という膜を形成します。この膜に増殖した細菌などは、浄化菌とも呼ばれ、浴槽水に紛れ込んでくる大腸菌や垢などの汚れを食べて、清浄なお湯にしてくれます。このような水質浄化方法を「生物浄化」といいます。

生物浄化は、電気やガスなどのエネルギーをあまり必要とせず、つねにお湯をきれいな状態に保つことができます。このようにして浄化されたお湯は、飲み水の細菌基準もクリアしていますが、浄化槽以降の配管や浴槽に付着している細菌は取り除けないので、口に入れるのは好ましくありません。

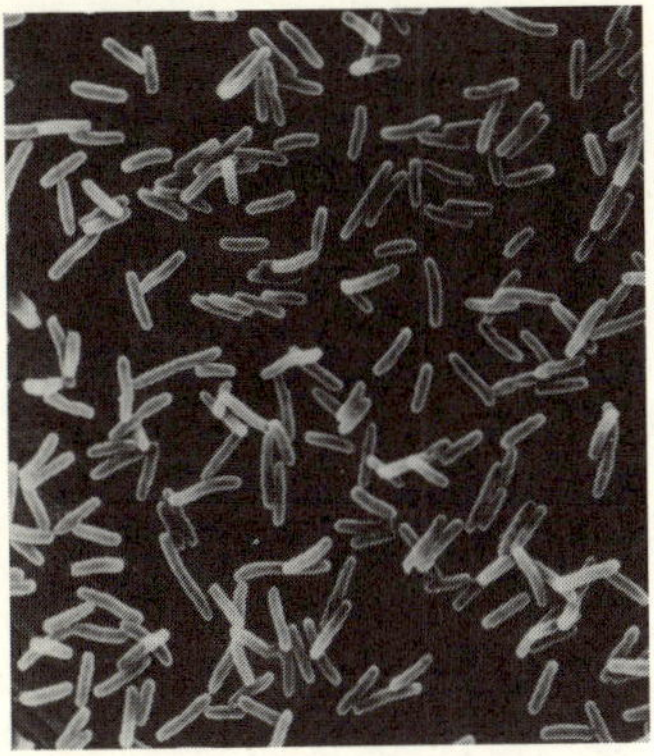

図4－5　レジオネラ菌

レジオネラ菌とは？

ところが、この浄化方法には大きな落とし穴がありました。それがレジオネラ菌（図4－5）汚染です。

一九七六年にアメリカで開かれた在郷軍人大会の参加者の間で、原因不明の病気が集団発生しました。その後の調査で、会場のビルの屋上に設置されている空調の冷却塔の冷却水の中で増殖した細菌が原因とわかりました。この細菌は在郷軍人会（Legionnaire）にちなんでレジオネラ（Legionnella）と名づけられました（学術的には「レジオネラ」もしくは「レジオネラ属菌」と記述しますが、本書では「レジオネラ菌」と表記します）。

レジオネラ菌は、冷却塔から出る冷却水の霧（エアロゾル）に乗って飛散します。この霧をヒトが吸い込むことによって、肺炎や高熱を発する病気（後者をポンティアック熱といい、両者をあわせてレジオネラ症といいます）になります。

もちろんレジオネラ菌を吸い込んだすべての人がレジオネラ症になるわけではありません。元気な人は感染してもほとんどの場合なんともありません。「日和見感染」といって、新生児や高齢者および病弱な人がこの菌に感染すると、病気になる可能性が高いのです。たとえば名古屋市内で、自宅の二四時間風呂を使って水中分娩された新生児が感染して死亡しています。

レジオネラ菌のいるところ

その後の調査で、レジオネラ菌は、冷却塔だけでなく、管理状態が悪いビルなどの、湯温が低かったり循環効率が悪い給湯器、規模が大きく殺菌などを怠っている循環式浴槽、旅館などの温泉利用施設で適切な衛生管理が行われていないところからも検出されています。

とくに循環濾過して再利用している温泉利用施設は、巨大な二四時間風呂ですから、適切な維持管理を怠るとレジオネラ菌の温床となる可能性があります。

たとえば平成一〇（一九九八）年には、東京・目黒区内にある特別養護老人ホームで、循環式浴槽水中のレジオネラ菌が原因で入所者が死亡しています。集団発生としては、静岡県掛川市の温泉利用施設や茨城県石岡市の市営浴場施設での例などがあります。茨城県石岡市が運営管理する「公衆浴場施設」の循環式浴槽水でも、利用者がレジオネラ症にかかって死亡しています。

古いデータも含まれますが、温泉施設の管理組合にあたる「全国環境衛生営業指導センター」が発表した温泉施設の調査結果では、レジオネラ菌検出率が五二パーセントでした。また一九九四年のある調査では、検出率六二パーセントになっています。

なぜレジオネラ菌が繁殖するのか

なぜ「飲める水」になっているはずの二四時間風呂でこんなことが起こったのでしょう。それは、レジオネラ菌が大腸菌と大きく異なる性質を持つからです。

大腸菌は、生物膜に捕らえられると死滅してしまいます。ところがレジオネラ菌は、生物膜についたアメーバ類や垢などの汚れを好んで食べ、むしろ大量に増殖することができるのです。これまでの検査結果によると、二四時間風呂から検出されたレジオネラ菌の最大菌数は、浴槽水一〇〇ミリリットルあたり一〇〇〇万個を超えるものもあったそうです。

湯温が高い給湯器や電気温水器などでは、レジオネラ菌が繁殖する心配はありません。しかし二四時間風呂のように、同じお湯を循環させていると、やがてお湯の中の塩素がなくなります。

そのような殺菌力を失ったお湯で、五五度C程度よりもぬるい場合には、配管の中にレジオネラ菌やその他の細菌が繁殖してしまうのです。

元来、レジオネラ菌は、土の中や池の水など自然環境に生息しており、ヒトに対して大した悪さをする菌ではありません。それが二四時間風呂などで管理を怠ると大量に増殖して、悪さをするようになるのです。

レジオネラ菌対策

レジオネラ菌に関しては、現在のところ「浴槽水一〇〇ミリリットルあたり一〇個未満」が目標値として提案されています。この値を満たすには、濾過したお湯をさらに塩素や紫外線、オゾンなどによって殺菌する必要があります。また、菌よりも目の細かなフィルターで濾過する方法もあります。今のところ、塩素が使われている例が多いようです。

もちろん家庭用の二四時間風呂については、各メーカーとも独自の殺菌あるいは除菌方法を開発し、レジオネラ菌汚染防止を目指しています。また公営の施設などは、定期的なレジオネラ菌調査を行うなど、適切な衛生管理に努めています。

温泉に関しては、全国環境衛生営業指導センターが、独自の管理指針を策定して適切な維持管理に努力しています。対策としては塩素殺菌が有効ですが、塩素臭が利用客に与える不快感もあるので、塩素臭のしない二酸化塩素やオゾンなども使われています。

レジオネラ菌以外は大丈夫?

家庭用の二四時間風呂を含めた循環式浴槽水には、レジオネラ菌以外にも細菌（マイコバクテリウムアビウム）が住み着いている場合があります。この菌もレジオネラ菌と同様、土の中や水の中にいるありふれた細菌ですが、感染して発症すると治りにくい皮膚炎を起こします。

最近、この菌が一部の循環式浴槽水に住み着いていることがわかりました。利用者の一部から「アトピー性皮膚炎がひどくなった」「膀胱炎になった」「皮膚がただれた」などのクレームがありました。その原因を調べていくうちに、この菌が関与していることがわかり二〇〇〇年四月に新聞発表されました。

この菌も、塩素処理など、適切な浴槽水管理が行われていれば問題になることはないと思われ、具体的な対応策が研究されています。

銭湯のお湯は大丈夫?

銭湯に代表される「公衆浴場」は、水泳プールのお風呂バージョンと考えられます。そこで厚生労働省が「公衆浴場における水質基準等に関する指針」を定め、これを受けて各自治体が条例などで、お湯を適切に維持管理するよう監視・指導しています。その水質基準に合った公衆浴場のお湯は、安心して利用できる状態になっているはずです。

水質基準項目	基準値
濁度	5度以下
過マンガン酸カリウム消費量	25mg/ℓ以下
大腸菌群	1個/mℓ以下
レジオネラ属菌	10CFU/100mℓ未満

図4－6　浴槽水の水質基準

最新の指針には、たとえば「循環濾過装置を使用していない浴槽水及び毎日完全換水型循環浴槽水は、毎日完全換水すること」、「浴槽水の消毒に用いる塩素系消毒剤は、浴槽水中の遊離塩素濃度を一日二時間以上、一リットルあたり〇・二〜〇・四ミリグラムに保つことが望ましいこと」などです。

さらに「浴槽水の水質基準」（図4－6）が定められています。その基準は水泳プールのそれに匹敵する値です。とくに今回から「レジオネラ属菌」の項目が加えられています。

ただし、必要以上の塩素投入による、肌などに対する害を指摘する研究者もいます。

4－3　トイレの水

便器のタイプ

大便器にはさまざまなタイプ（図4－7）があって、それぞれの洗浄水量には大きな差があります。

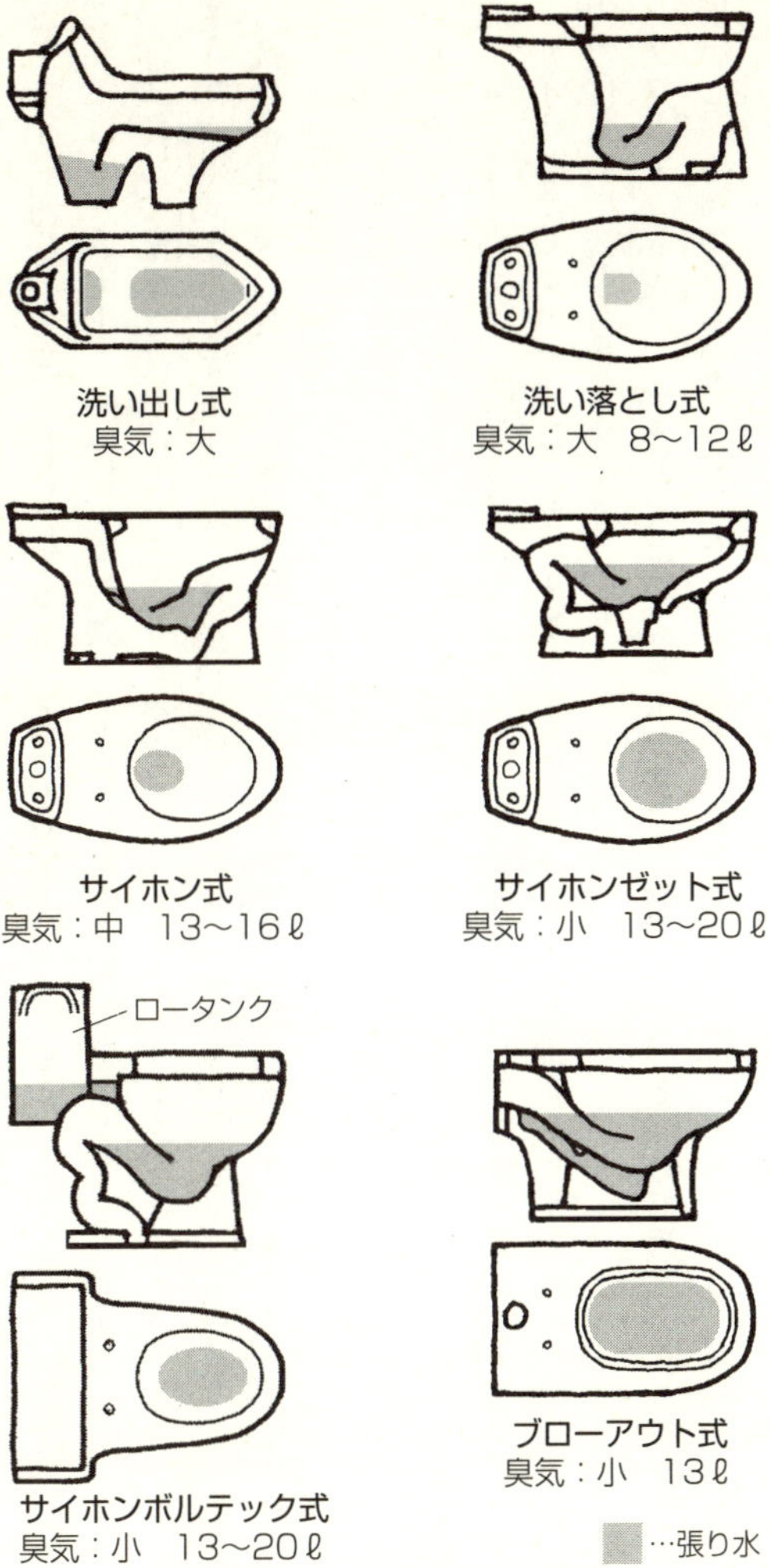
洗い出し式
臭気：大
洗い落とし式
臭気：大　8～12ℓ
サイホン式
臭気：中　13～16ℓ
サイホンゼット式
臭気：小　13～20ℓ
ロータンク
サイホンボルテック式
臭気：小　13～20ℓ
ブローアウト式
臭気：小　13ℓ
…張り水

図4-7　大便器のタイプ

『新・水とごみの環境問題』岡田誠之編（TOTO出版）

まず和式のしゃがみ便器と洋式の腰掛け便器があります。

和式便器では洗浄は洗い出し式だけです。いったん便器に汚物を溜めておき、洗浄水の勢いで流します。汚物が水没しないので臭気があるのが欠点です。またしゃがむ姿勢が嫌われたのか、昭和五二（一九七七）年以降、洋風便器の出荷台数が和風便器より多くなりました。

洋式便器の洗浄は洗い落とし式、サイホン式、サイホンゼット式、サイホンボルテック式、ブローアウト式があります。

洗い落とし式は便器内の水面の落差により汚物を押し出す方式です。張り水が広く取れないので、汚物が便器に付着しやすい欠点があります。

サイホン式は、便器内でサイホン作用が起こり汚物を吸い込むように排出します。

サイホンゼット式はサイホン式にさらに水の噴き出すゼット穴をつけ、サイホン作用を強力に起こさせるものです。汚物が水没するので臭気や汚物の付着が少ない利点があります。

サイホンボルテック式は、サイホン作用と渦巻き作用とを併用し、水の流れがゆるやかで、汚物の付着や臭気もありません。

ブローアウト式は、ゼット穴から洗浄水を強力に噴出させ、その力で汚物を吹き飛ばすように排出し、汚物の付着や臭気も少ないのが特徴です。

節水を心がけるなら洗浄水量の少ない便器、使用感を重視すれば洗浄水量の多い便器を選ぶことになります。

温水洗浄便座

温水洗浄便座は、わが国では昭和三九（一九六四）年に登場しました。そして昭和五七（一九八二）年の「お尻だって洗ってほしい」という衝撃的なテレビコマーシャルで人気を呼び、一気に広まりました。平成一三（二〇〇一）年には普及率が四〇パーセントを超えました。

最初はスイスとアメリカから輸入されていましたが、その後は日本独自の研究開発が進み、各種機能を追加したりして大幅に改良されてきました。現在の温水洗浄便座には、暖房便座、温水洗浄、ビデ洗浄、脱臭機能などの基本機能の他に、抗菌、温風乾燥、誤作動防止着座センサー、便座自動開閉など多くの機能を選択することが可能となっています。

温水洗浄便座の水

日本独自の商品を開発するにあたっては、社員の協力を得ながら、洗浄水の水温や水量、当てる角度や勢いが決められていったそうです。

洗浄する場合、肛門が快適に感じる温水温度は三八度Cです。入浴温度の四一度Cになると熱すぎ、体温より低い三五度Cになると冷たく感じます。

満足に洗浄するためには九〇〇ミリリットルのお湯を使います。汚物を三〇秒以内に洗い落とすには、毎分五〇〇ミリリットルの水の勢いが必要です。洗浄ノズルの角度は、お尻洗浄は四三度、ビデ洗浄は五二度が最適です。

乾燥温度は五〇度Cまでで、それ以上では熱すぎます。

温水を加熱供給する方法には、瞬間式と貯湯式があります。瞬間式は、湯切れしない利点がありますが、洗浄時の噴出水量は貯湯式の半分程度に制限されています。また電力消費量が一キロワット程度と大きいのも欠点です。

貯湯式の貯湯タンクの容量は一～二リットルですから、通常の使用より長時間噴出させると湯切れする可能性があります。電力消費量は瞬間式の半分以下です。

ちなみに暖房便座のヒーターは四〇～五〇ワットですが、長時間連続使用されるため冬の一ヵ月の電力消費量は三〇キロワットにもなります。これは平均的な家庭の月間使用電力量のほぼ一〇パーセントにもなります。使用しないときには蓋をしておくだけで一〇～二〇パーセントの省エネになります。

乗り物のトイレの水

旅行中は列車、飛行機、バスなど乗り物内のトイレを使うことになります。狭い空間の中でいかに快適なトイレにするか、さまざまな工夫があります。

新幹線などの列車のトイレは循環式が主流です。最初にトイレの直下の貯留タンクに洗浄水を三分の一ほど入れておきます。洗浄した汚物もこのタンクに流し込み、溜め込みますが、洗浄水は濾過して循環使用しています。こうすることで列車に積み込む洗浄水を節約できるわけです。洗浄水には殺菌消毒薬が添加されています。洗浄水が青いのはこの薬品の色です。殺菌消毒能力が三日あるので、タンク内の汚物は、電車区や車両基地などで約三日おきに抜き取り、汚水処理施設で処理されます。

乗り物のトイレで最大の課題は「におい」ですが、循環式ではこの問題の根本的な解決はむずかしいのです。そこで登場したのが真空吸引式です。

真空吸引式トイレは飛行機ではすでに多く見られます。飛行中には機内は与圧されています。一方、通気管で機外とつながっている汚物タンク内は低圧です。そこで使用後にフラッシュハンドルを押すと、汚物や洗浄水は自動的にタンクに吸い込まれるのです。

低空で気圧差が少ない場合は、掃除機と同じ原理のバキュームブロアで吸引します。

バキュームブロア式は、ヨーロッパの鉄道車両で広く採用されています。トイレ下部をシャッターで締め切って、貯留タンクまでの排水管をバキュームブロアで真空にしておきます。トイレの使用後にペダルを踏むと、シャッターが開いて汚物を瞬時に貯留タンクに吸引投入します。

真空吸引式は、洗浄水が牛乳ビン一本（二〇〇ミリリットル）程度ですみ、臭気対策の面も優れていますので、乗り物のトイレシステムの主流になりつつあります。

それ以外の方式も研究・開発が進んでいます。

乾燥式は汚物を洗浄水で貯留タンクに流し込み、タンク内で水分と固形分とに分離させつつ、タンクをゆっくり回転させて底部のヒーターで蒸発および乾燥させるものです。乾燥後の固形物は、細かい微粒子の微量の粉末となって取り出されます。

バイオ式は一部の車両で試用しています。車両トイレの下に浄化槽を設置したようなシステムです。トイレの下が曝気槽になっていて、ここに空気を送って好気性微生物による汚物の分解処理を行います。

第5章

排水の行方

5-1 排水の陣

「排水」とは?

一口に「排水」といっても、水の使われ方によっていろいろと分けられます。

大便器や小便器から流す排水は「汚水」といわれ、処理施設がない場合は汲み取り便所に溜めることになります。排水管の先に下水処理場や浄化槽がなければ水洗便所にはできません。

顔を洗う、洗濯する、台所で調理をする、体を洗い湯船に浸かる、あるいは掃除で使った後の排水は「雑排水」といいます。かつて雑排水は直接河川などに放流していましたが、現在では下水処理場や合併式浄化槽がなければ流せなくなっています。とくに台所の排水は、後述するように河川、近海の汚染のおもな原因になっているためです。

建物や敷地に降る雨は「雨水(うすい)」と呼ばれ、排水管で流せばやはり排水の一つになります。雨は大気汚染物質や砂・ほこりなどを含んでいますが、比較的清浄なので、これも後述するように再利用される場合もあります。

その他に研究施設や工場などの、濃厚な酸性・アルカリ性の排水、病院や研究施設などの治療や検査で使う放射性排水、病院の感染性排水、工場の重金属・化学系排水などは「特殊排水」といわれています。特殊排水も下水道や浄化槽には直接流せず、処理装置を設けて規定された濃度に下げてから流さなければなりません。

このような排水は、処理が難しくコストがかかりすぎる場合、排水として流さず、貯留して専門業者に処理を委託することもあります。

またホテル、病院、飲食店の厨房排水や浴室排水も、水質が悪くなる場合は特殊排水として処理してからでなければ、一般の排水系統には流すことができません。

いっしょに流す？　分けて流す？

下水道には、生活排水と雨水をいっしょにして流す「合流式下水道」と、別々に流す「分流式下水道」があります。合流式下水道では、大雨のとき下水処理場の能力を超える量の下水が流れ込むので、ほとんど処理されないまま河川や近海に放出されてしまいます。さらに雨水がふえれば下水管（下水管渠）から、直接、河川に流してしまいます。

東京や大阪など古い市街地には合流式下水道が多く、大雨が降れば下水管渠からあふれてしまいます。そうしたことから、新しい市街地では分流式下水道が基本となっています。

浄化槽がある場合も、生活排水と雨水をいっしょに浄化槽に流してはいけません。大量の雨水が流入すると、ほとんど処理されずに排出されることになるからです。雨水に限らず、大掃除で大量の排水が出た場合でも同じ結果となります。

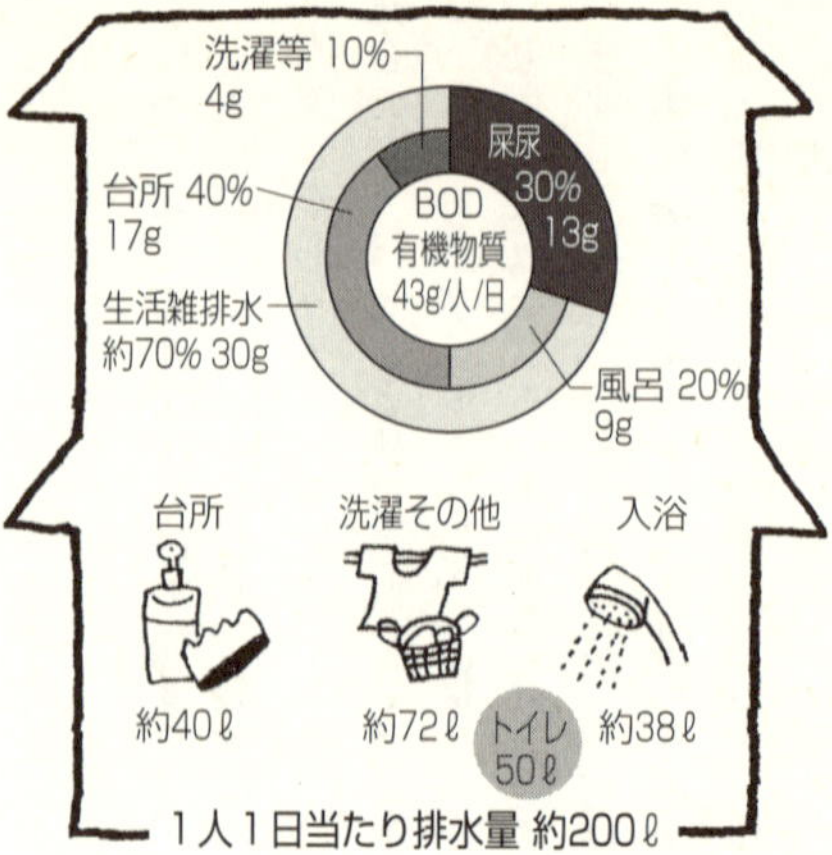
洗濯等 10%
4g
屎尿
30%
13g
台所 40%
17g
BOD
有機物質
43g/人/日
生活雑排水
約70% 30g
風呂 20%
9g
台所
洗濯その他
入浴
約40ℓ
約72ℓ
トイレ
50ℓ
約38ℓ
1人1日当たり排水量 約200ℓ

図5－1　1人1日あたりの排水量、BODとその割合

『平成13年度版環境白書』（環境省）

どっちが「汚い」？

排水は当然「汚れた水」です。中でもトイレの汚水がいちばん汚れているように思われるでしょう。たしかに細菌汚染の面ではトイレの排水は汚れています。ところが水質的に汚い（浄化しにくい）排水は、じつはトイレより台所（厨房）の排水なのです。

汚れの程度を示す指標として、生物化学的酸素要求量（ＢＯＤ）がよく使われます。これは、調べたい水を二〇度Ｃで五日間おき、その間に水中の微生物が、有機物を分解するのに使った酸素量で示した指標です。単位はミリグラム／リットル（mg／ℓ）で表します。数値が高いほど汚れていることになります。

このＢＯＤで比べると、屎尿（しにょう）の一人一日分（大便一回、小便五回）の汚れは一万三〇〇〇ミリグラム（一三グラム）なのに対して、台所の排水は一七グラムなのです（図5－1）。

日々の食品は食べれば栄養源になりますが、水に流せば汚れの成分になります。カロリーの高

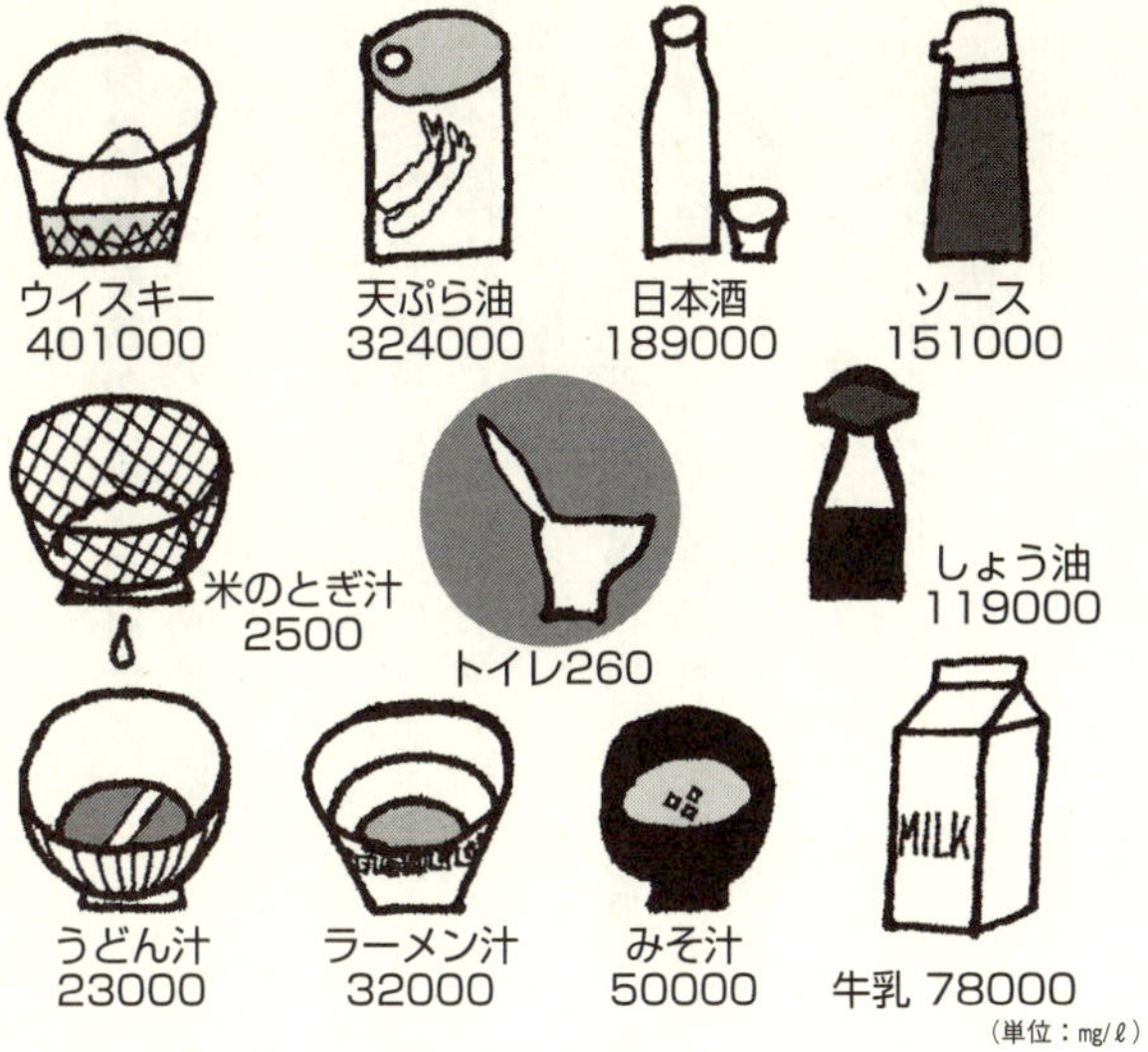
ウイスキー
401000
天ぷら油
324000
日本酒
189000
ソース
151000
米のとぎ汁
2500
トイレ260
しょう油
119000
MILK
うどん汁
23000
ラーメン汁
32000
みそ汁
50000
牛乳 78000
（単位：mg/ℓ）

図5－2　食品1ℓを流したときのBOD

『用水と廃水』（産業用水調査会）

い食品ほど、水の汚れの程度は大きくなります。たとえば食品汚水を、同量の水洗トイレの排水に含まれる汚れの量に比べると、米のとぎ汁は一〇倍、みそ汁一九〇倍、牛乳三〇〇倍、天ぷら油一二五〇倍、ウイスキー一五〇〇倍にもなります（図5－2）。

こうしたことから、大きなレストランやホテルなどの厨房排水は、ある程度浄化してから下水道に流さなければなりません。

とくに動植物油がたくさん含まれた排水を多量に流すと、下水道の浄化機能を阻害する恐れがあるので、厨房排水を処理する装置を設け、決められた基準に従わないと流せないことになっています。

放射性物質を含んだ排水の処理

地球上には、わずかながら放射性物質とそれが発する放射線があります。たとえばウラン、トリウム、ラジウム、ラドン、カリウム40などは、地球誕生とともに存在してきました。炭素14や水素3など、宇宙線により作られ続けている放射性物質もあります。

これらの放射性物質は大地にも空気中にもあるわけですから、当然、河川水にも雨水にも、最終的には毎日飲んでいる水道水の中にも、その排水にも含まれています。もちろん、その程度の放射性物質の存在はまったく問題ありません。

ところが、二〇世紀の科学技術は人工の放射性物質を生み出しました。そのもっとも端的な例は原爆（実験）です。原爆は論外として、この他に原子炉や各種加速器で人工の放射性物質が作られ、医療や工業に役立てられています。また、わが国では原子力発電がエネルギー供給の重要な部分を占めています。そこで使われている放射性物質の中には危険なものもあります。

これらの人工的な放射性物質が漏れ出れば、環境を汚染します。そのため、その製造、売買（譲渡譲受）、使用、保管、運搬、廃棄およびそれに伴う施設や人に関して厳しく規制されています。特に排水、排気については、現場では規制値よりさらに低い値になるように運用されています。

原子炉内の放射性物質に高度に汚染された水は、いっさい外に漏れ出ないようにしています。

病院や研究所から出る放射性廃棄物は可燃物、難燃物、不燃物、無機液体（水溶液）に分別回収し、日本アイソトープ協会が引き取っています。協会では特別な施設で可能な限り長時間保管し、放射能が減少するのを待って処分します。

病院や研究所で直接処分する場合も、たとえば半減期（放射能が半分に減少するまでの時間）の短い放射性物質を含む廃水は、放射能を持たない水を混ぜて希釈し、貯留槽に長期間溜めておき、放射能が減少したのを確認してから排水するなどしています。

ただし、病院で患者さんに投与された放射性物質に関しては、これまで通常の放射性物質に対するほど厳しく規制されていませんでした。患者さんを放射性汚染物扱いにするのは適切でないということと、投与される放射性物質の半減期が、テクネチウム99mの六時間を始め長くても三日程度のものがほとんどなので、一ヵ月位で一〇〇〇分の一以下になると予測できるからです。

しかし、今後はより厳しくする方向で検討されています。

5―2　台所の排水

ふき取ってから洗う

台所の排水は、ちょっとした心がけできれいにすることも可能です。残飯や汁の残りはそのまま流さず、固形物はできるだけごみとして取り去り、油で汚れた食器類は汚れを紙でふき取ってから洗えば、相当きれいになります。

たとえば国立公害研究所（現・国立環境研究所）で、豚カツ四人分で、鍋や皿に残ったソースや油をそのまま洗った場合と、ふき取ってから洗った場合のBODを比較しました。すると、そのまま洗った場合は二三・六グラムだったのが、ふき取った場合は一九・五グラムで、一七パーセントほど環境への負担が軽くなっていました。

また千葉県の『水質保全研究報告』によると、流しの排水口に古いストッキングを利用したフィルターを付けるだけでも、浮遊物質の三一パーセント、窒素分の一五パーセント、リン分の二パーセント、油分の二九パーセントを取り除く効果があるそうです。

これとは逆に使用済みの油を排水中に流したりすると、一挙に水質が悪化してしまいます。

ディスポーザーの歴史

台所排水に関して最近論議を呼んでいるのが、台所の生ごみを破砕して排水管へ流すディスポーザーです。

水とともにディスポーザーの破砕室に流れ込んだ生ごみは、回転するターンテーブルの遠心力で外側に寄せられ、ハンマーによって固定刃に押し付けられてすりつぶされ、水とともにターンテーブルの外側を通って下に落ち、排水管へ流れていきます。

ディスポーザーは一九三五年に、アメリカで商品化されました。わが国では、昭和三〇（一九五五）年頃、アメリカからの輸入品が使われ始め、昭和三四（一九五九）年には国産品も発売されました。その後多くの大手家電メーカーが生産を始め、昭和四一（一九六六）年から昭和六〇（一九八五）年にかけて約三〇万台売れました。

ディスポーザーによる生ごみ処理は、流しまわりが清潔になる、三角コーナーなどごみの一時保管場所が不要になる、ごみ出しが楽になる、ごみ収集場所の環境がよくなるなどの利点があり、一時期人気を呼びました。しかし側溝などに破砕された生ごみが流れ出たり、下水処理場の負担が大きいことなどから、使用禁止や自粛を求める地域が多くなり、昭和六三（一九八八）年頃から各社とも生産をいったん中止しました。

その後、平成六（一九九四）年頃から、破砕した生ごみの処理施設と組み合わせたシステムが、研究されるようになりました。また建設大臣（当時）が認定したディスポーザーと破砕生ごみを含む排水を処理する装置を組み合わせたシステムが、いくつか出現しました。このシステムでは、ディスポーザーを設置しない場合よりも、かえって環境負荷が少なくなっていました。

ただし現在では、このディスポーザーの認定制度は第三者機関が行なっています。

ディスポーザーは使ってよいか？

ディスポーザーは生ごみを流すわけですから、そのままでは下水管や下水処理場の負担が大きくなります。そこでディスポーザーを使ってよいかどうかは、下水道事業者によって異なります。前記の旧建設省の認定システムなら使ってよいという場合もありますが、これもディスポーザーだけを取り付けるのではなく、排水処理施設も設置しなければなりません。

公共下水道が敷設されていない地域では、排水は浄化槽で処理してからでなくては敷地外に排出できません。ところが、普通の浄化槽はディスポーザー排水の負荷を見込んでいません。したがってディスポーザーを設置する場合は、ディスポーザー排水対応型の浄化槽にするか、浄化槽の前にディスポーザー排水の処理装置を設置する必要があります。

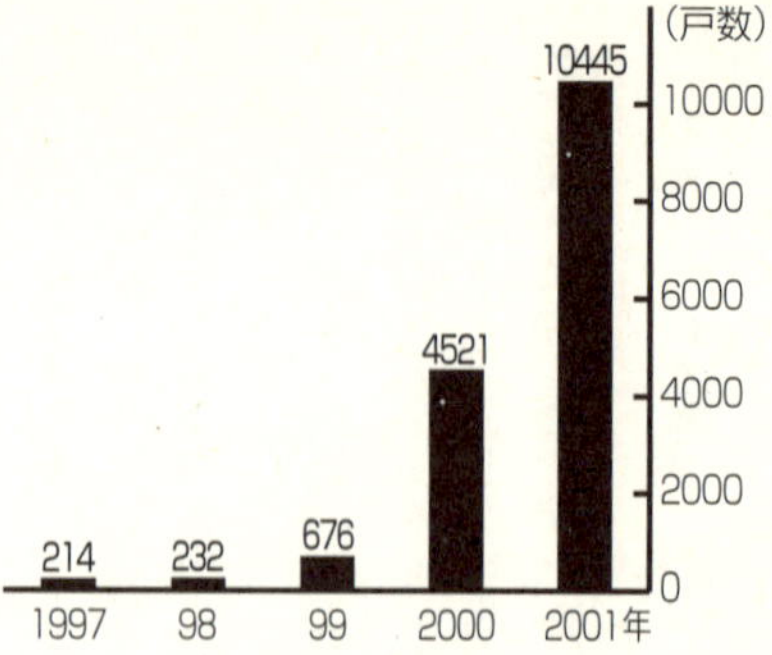

（戸数）
10445
10000
8000
6000
4521
4000
2000
676
214
232
0
1997
98
99
2000
2001年

図5－3　処理槽つきディスポーザーを備えた集合住宅の竣工数

生ごみ処理システム協会による

こうしたシステムは個人住宅ではむずかしいのですが、集合住宅なら経済的にも設置しやすく、最近、再びディスポーザーを備えたマンションなどが売り出されるようになりました（図5－3）。

生ごみはどのくらい出る？

一般家庭の生ごみ量は、平均一日一人あたり二〇〇〜二五〇グラム程度です。このうちの約九

○パーセントが、ディスポーザーで処理できる生ごみです。処理できない生ごみは骨、貝殻、種、そして野菜などのうち固いもの、だし昆布、パイナップルやトウモロコシの葉、ティーバッグなど繊維質のものです。もちろん箸や楊枝なども投げ込んではいけません。

家庭用ディスポーザーの破砕室の容量は〇・七四～一・六リットルで、一回に一一〇～五〇〇グラムの生ごみを処理することができます。

これらの生ごみを破砕するための運転時間は、一回平均二〇秒程度です。これによって水道水をより多く使うかどうかを比べたところでは、ディスポーザーを使用しなくても生ごみ処理には水を使うので、水量は変わらないということでした。また電気代もわずかです。

5-3　トイレの水

トイレの水はどこへ行く?

ヒトは平均すると一人一日一リットル程度の屎尿を排泄します。屎尿は多量の有機物、窒素、リンなどを含むので、かつては肥料として農地に還元されてきました。しかし第二次大戦後、化学肥料の普及などにより、肥料としての需要は大幅に減少しました。さらに人口増加も相まって、都市では大量の屎尿が滞るようになりました。行き場を失った屎尿が山林や河川などに不衛生に投棄されたことにより、赤痢、腸チフスなどの水系感染症や寄生虫症が蔓延しました。

かくして屎尿の衛生的な処理が、国策として取り上げられることになりました。現在では、屎尿は法律に定められた基準に従って、市町村が責任をもって衛生的な処理・処分をしています。

トイレには大きく分けると「汲み取り便所」と「水洗便所」があり、それにより処理方法すなわち屎尿の行く先が異なります。

汲み取り便所は、屎尿を便槽に溜めておき、定期的に汲み取って処分する方式です。泡などを使用する簡易水洗便所もこれに含まれます。

バキューム車で便槽から汲み取った屎尿は、おもに市町村が運営する屎尿処理場に集めます。屎尿処理場では、生物処理法と物理化学的処理法を組み合わせて処理し、屎尿中の有機物、におい、色、病原菌、窒素、リンなどを除去したあと河川などへ放流します。

水洗便所は、日本では明治の後半頃から使われるようになりました。現在では、水洗化率（人口のうち水洗便所を使用している人の比率）は八二パーセント（二〇〇〇年三月時点）に達しています。

水洗便所の汚水は、地下に埋設された排水管内を流れ、公共下水道が敷設されている地域では公共下水道に、それ以外の地域では浄化槽に運ばれます。どちらの場合も、他の生活雑排水と併せて、生物処理法などにより有機物、病原菌などを除去し、最終的に河川などに放流します。

どの方法で屎尿を処理しても、屎尿から取り除いたものの一部が残渣(ざんさ)物として残ります。これを「汚泥（おでい）」と呼んでいます。汚泥は、減量化、安定化、安全化処理を施された後、廃棄物の埋め立て地に捨てられます。こうして、やっと屎尿の処理が完了するのです。

浄化槽の設置

公共下水道が敷設されている地域では、トイレは水洗方式にして、汚水を公共下水道へ流すことが義務づけられています。それ以外の地域でトイレを水洗化したい場合は、その汚水を衛生的に処理して河川などへ放流できるようにする施設、すなわち浄化槽を独自に設置しなければなりません。浄化槽は建築基準法で規模、処理性能、処理方式、構造などが、浄化槽法で製造、施工、維持管理方法などが決められています。

浄化槽は、公共下水道と異なり、それを使う人が設置し管理する個人所有の施設です。したがって、その持ち主は、役所に設置を届け出、自ら出費し、設置した後も責任をもって正常な浄化機能を発揮するように維持管理に努めなければなりません。しかし、その作業には専門的な知識や技術を必要とするので、実際の作業は専門業者に委託しています。

浄化槽の仕組み

浄化槽には、トイレの汚水といっしょに雑排水を処理する「合併処理浄化槽」と、トイレの汚水だけを処理する「屎尿浄化槽」があります。後者を使用した場合は、雑排水が無処理で放流さ

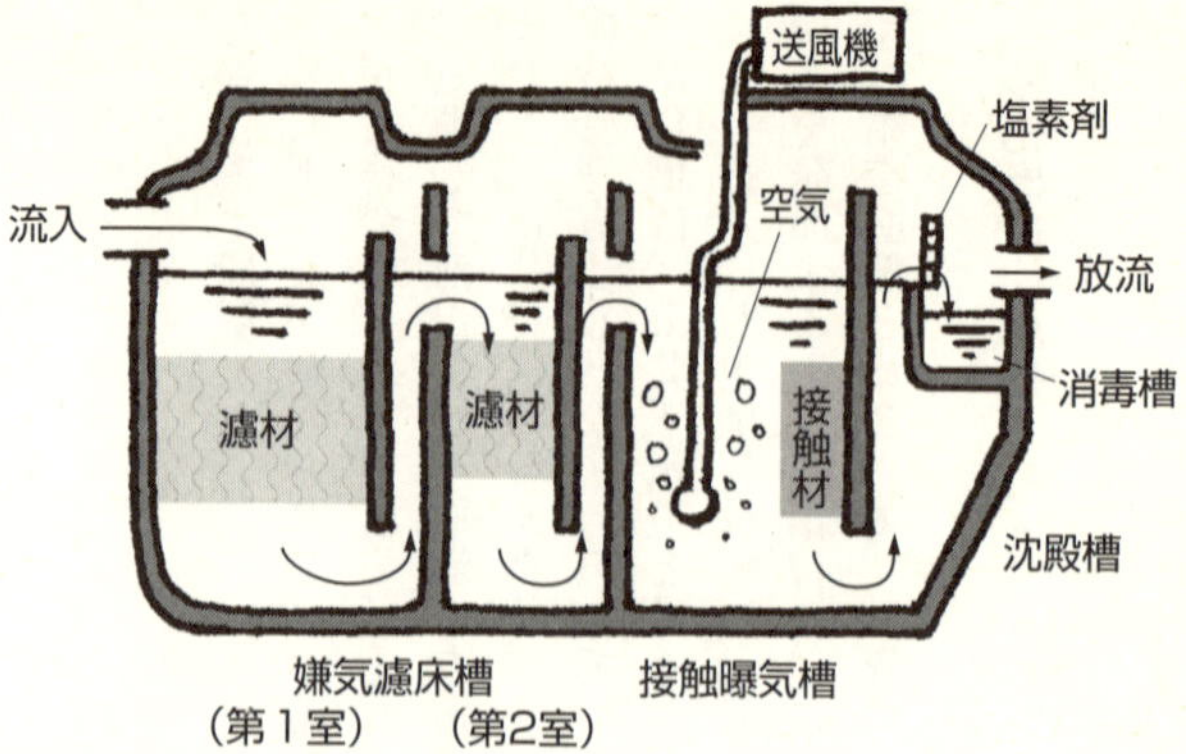
送風機
塩素剤
流入
空気
放流
消毒槽
濾材
濾材
接触材
沈殿槽
嫌気濾床槽
（第１室）
（第2室）
接触曝気槽

嫌気濾床槽
汚水の中の粗大な固形物や浮遊物を沈殿分離させ、同時に濾床に付着した嫌気性微生物の働きで、有機物を分解浄化する。風呂の栓を抜いたときなど、一度に大量の汚水が流された場合の緩衝スペースとしての役割もある。ただし嫌気濾床がなく、沈殿分離だけ行う型式もある。

接触曝気槽
接触材に付着している好気性微生物の働きで、有機物を分解浄化する。

図５－４　合併処理浄化槽

れることになるので、現在ではこれを新たに設置するところはほとんどありません。

浄化槽は一戸の住宅に設置する小規模なものから、何千人もが生活する住宅団地に設置するものまであります。したがって処理方法も一律ではありませんが、共通しているのは、

①排水中の夾雑物を除去し流量変動を緩和する、

②微生物の作用により有機物を分解除去する、

③消毒後河川などへ放流する、

④汚泥を減量化して場外に運びやすくする、

ことです。図５－４は一般の住宅に設置する小規模な合併処理浄化槽の

構造です。小規模でも、処理した排水の水質は公共下水道のそれと同等です。

5−4 排水のにおいは何とかしたい！

トラップの仕事

排水は排水管を流れ、下水道管に放流されます。排水管や下水道管では、排水に混じった生ごみなどが一部腐敗して悪臭を放ち、それを目当てに蚊やハエ、ゴキブリなどの衛生害虫が生息しています。これらの悪臭や衛生害虫が室内に侵入してこないのは、器具と排水管の境目にトラップを設けているからです。

トラップは昔からいろいろなものが開発されてきました。当初はバルブ機構のものや蓋式のものが多かったのですが、故障したり、取り替えなどで大変な工事となります。こうした試行錯誤の結果たどり着いたのが、シンプルな水封式のPトラップと椀トラップ（次ページ図5−5）です。流す水で遮るので故障がなく、耐久性も抜群です。

駅のトイレはなぜ臭い？

水封式トラップは、水がなくなることもあります。そうなるとにおいをシャットアウトするこ

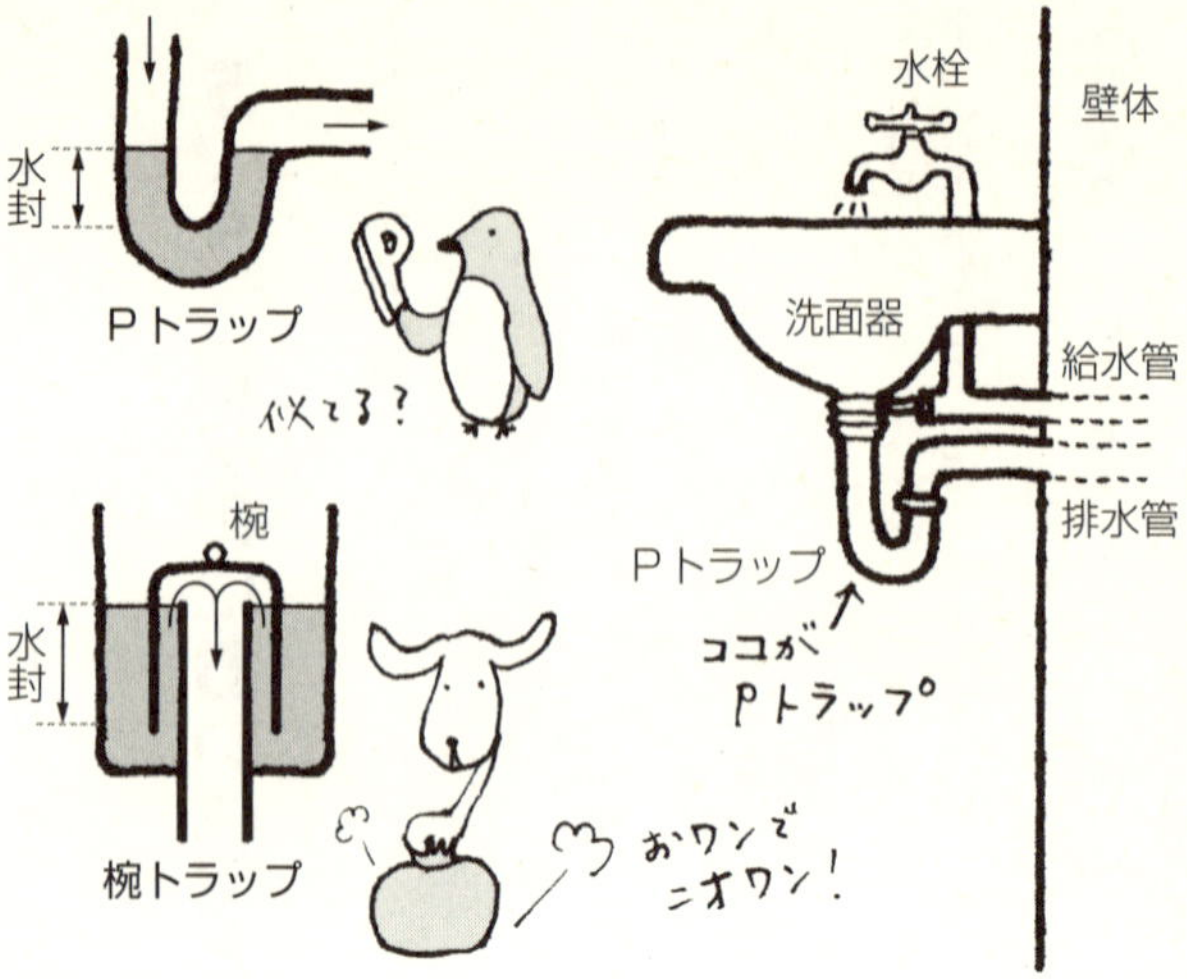
水封
Pトラップ
似てる?
水栓
壁体
洗面器
給水管
排水管
Pトラップ
ココがPトラップ
椀
水封
椀トラップ
おワンでニオワン!

図5-5　水封式トラップ

とができません。

駅の便所では悪臭が漂っている場合がよくあります。そんな場合は、小便器と床の排水口のトラップを見てください。

小便器は使用の都度、十分な量の洗浄水が流れれば、小便の臭いが出てくることはありません。しかし洗浄水が足りないと、トラップ内に小便が溜まることになり、悪臭をただよわせます。

また床の排水孔にトラップがあるか、そこに水が入っているかも確かめてください。たいていは乾ききったトラップを目にすることになります。

昭和四〇年代までは、便所は床も防水構造として水を流して掃除していました。それが今では乾式に変わって、ほとんど水を流すことはありません。長期間トラップに水が流れないと自然と蒸発してしまいます。そのため悪臭が出てくるのです。始終汚されそうな公衆便所を除いて、便所には床排水を設けないほうがよいようです。

トラップが乾くわけ

トラップの水がなくなるのは、このように乾く場合だけではありません。

高い建物では、排水は立て管を流れます。排水立て管内は、排水が入ってくると最初は正圧になりますが、やがて排水が管内の空気を引っ張りながら流れ下るので、負圧になります。さらに多くの排水が流入してくると、圧力変化が大きくなって、トラップの水が引かれたり、跳ね出したりします。

トラップの水の深さ（封水深）は五〇ミリメートル以上一〇〇ミリメートル以下と決められていますが、浴室の床排水に設けるトラップでは二〇ミリメートル程度のものも見受けられます。

一戸建てでは他の排水の影響をあまり受けないので、二〇ミリメートルでもすぐに水封がなくなるわけではありません。これに対して集合住宅などでは、排水立て管で高層階とつながっているので、排水管内の気圧変動が大きく、すぐに水封がなくなるおそれがあります。また下の階ではトラップから排水が跳ね出しやすくなります。

これらの現象を避けるために、効果的に通気管を設けて防護しています。

この他、器具を満水にしてから流すと、最後に残ったトラップの水も引っ張られてしまい、なくなることがあります。

お椀をなくさない！

わが国では、流しや床排水のトラップは、ほとんど椀トラップを使用しています。とくに流しでは、生ごみがトラップに捕捉され、椀を外してきれいに掃除できるという、他のトラップには代えがたい長所があります。

清掃後すぐ元の位置に椀をセットすれば問題ありませんが、往々にして外したままになっていたり、ひどい例では椀がなくなっている場合もあります。椀を外したままにすると、下水臭ばかりでなく、ゴキブリやネズミの出入り口になるということを肝に銘じて、きちんと椀をセットしてください。

ちなみに、このようなことから米国では椀トラップは禁止しています。

5－5　下水道の役割

下水道の意外な仕事

下水道があれば、トイレが水洗化でき、台所や風呂などの排水も流すことができるので、側溝や川に汚水が流れなくなり、悪臭や蚊、ハエなどが発生しない快適で衛生的な生活ができます。下水道は上水道の普及とともに、水系感染症の発生を抑えているのです。

また川や湖を汚している大きな原因は家庭や工場から出る排水ですが、下水道はこれらの排水を浄化し、河川の水質を保全するためには欠かせない施設になっています。

もちろん下水道は万能ではありません。有害なものや危険物、ビニール類、野菜くず、ティッシュペーパーなどは、下水道があっても流さないようにしてください。

じつは、下水道にはもう一つ大きな役割があります。

都市には舗装面が多いので、降った雨が地下に浸透せず、地表を流れ窪地に溜まります。さらにこれが一度に川に流れ込むと、川の水がはけきれず氾濫します。そんな場合に備えて、分流式下水道は、汚水管と雨水管の二系統の管をもっています。汚水管は家庭や工場などから出る汚水を集めて流し、雨水管は地域に降った雨を集めて流します。ちなみに一般家庭の排水管も、汚水管と雨水管の二系統が必要になります。

雨水管に集められた雨水は、下水処理場を通らずに直接川などに排出されますが、たとえば管を流れる水の一部が地下に浸透できるようにしたり、地下に水泳プールの数倍から何十倍もの容量をもつ巨大な貯水槽を設けて、いったん雨水を溜め、少しずつ川に流す施設などがあります。

このようにして下水道は、大雨が降ったときにも街が水浸しにならないようにしているのです。

ただしわが国で古くから下水道が建設されていた大都市では、その大半が汚水と雨水が同じ配管を流れる合流式のため、大雨になると汚水が川にあふれ出してしまいます。

下水処理場の仕組み

汚水管に集められた汚水は、すべて下水処理場に運ばれ、環境に影響がない程度まで浄化されて河川などへ放流されます。下水処理場には水処理施設と汚泥処理施設があり、一般的には図5-6のような構成になっています。

水処理施設は汚水を浄化する施設です。

まず沈殿池で汚水を静かにゆっくりと流し、沈みやすい汚れを沈殿させて取り除きます。

曝気槽では汚水中に微生物を加え、十分に空気を送りながらかき混ぜます。微生物は、汚水の汚れの元である有機物を栄養源とするために酸化分解するので、水は浄化されます。微生物自身は増殖するとともにフロック（軟らかくて沈殿しやすい小さな集団）を作るようになります。

最終沈殿池では、再びゆっくりと流すことによって、浄化された水から微生物のフロックを沈殿させて取り除きます。取り除いた微生物の一部は、新たな汚水に加えるために曝気槽へ送り返します。

最後に消毒槽で塩素剤を加えて殺菌し、衛生的な処理水にして放流します。

最初の沈殿池で汚水から取り除いた沈殿物や、最終沈殿池で取り除かれた微生物のフロックのうち曝気槽に戻されなかった部分など、汚れを多量に含んだ汚泥は、汚泥処理施設で処理します。

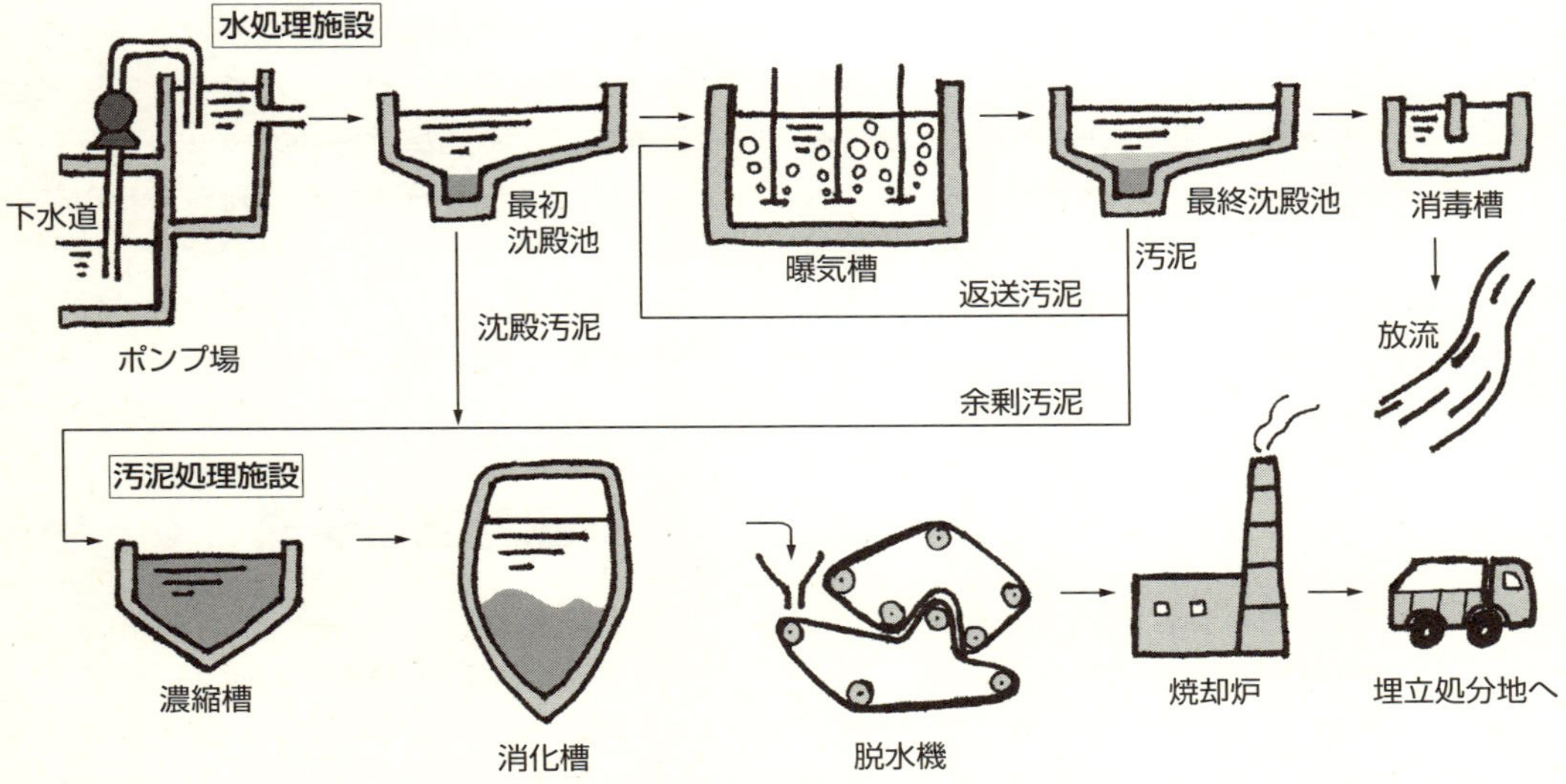
水処理施設
下水道
ポンプ場
最初
沈殿池
沈殿汚泥
曝気槽
返送汚泥
余剰汚泥
汚泥
最終沈殿池
消毒槽
放流
汚泥処理施設
濃縮槽
消化槽
脱水機
焼却炉
埋立処分地へ

図５－６　下水の処理工程

汚泥は、まず濃縮槽で水分を除いて減量します。次に消化槽でメタン発酵（メタン菌などの働きで有機物をメタンガスなどに変える反応）により有機物を減らします。そして脱水機でできるだけ水分を除いた後、焼却し、灰は埋め立て処分します。

これでやっと汚水が環境に影響しない程度（図5−7）に処理されたことになります。

5−6 排水の再利用

下水の有効利用

下水処理場から出る処理水は、日本全国で一年間に約一二六億立方メートル（一九九九年度）に達しており、そのほとんどは河川などに放流されています。この水量は時間的な変動がなく安定しているとみられています。また、処理排水の基準は強化されてきており、きれいな水が放流されるようになっています。

この放流水をもう少し処理すれば再利用できます。そこでこれを水資源の一種と考え、排水再利用が検討されて、一部では実際に再利用されています。

その一つに市街地の「せせらぎの復活」があります。街中の川や公園の流れなどに下水の処理水を流すことによって、憩いや遊び場にしようという計画です。

区分	項目			
	水素イオン濃度(pH)	生物化学的酸素要求量(単位:mg/ℓ/5days)	浮遊物質量(単位:mg/ℓ)	大腸菌群数(単位:個/㎤)
活性汚泥法、標準散水濾床法その他これらと同程度の処理	5.8以上 8.6以下	20以下	70以下	3000以下
高速散水濾床法、モディファイド・エアレーション法その他同程度の処理	5.8以上 8.6以下	60以下	120以下	3000以下
沈殿法	5.8以上 8.6以下	120以下	150以下	3000以下
その他の処理	5.8以上 8.6以下	150以下	200以下	3000以下

図5－7　下水処理場から放流できる水質基準

たとえば、かつて生活用水として利用されていた東京の玉川上水は(次ページ図5－8)、利用されなくなってから水量が減り、汚れるに任せた状態でした。そこに下水処理水をさらに浄化して濁り、色、においなどを取り除いた水を送って、かつての流れを復活させています。

このほか融雪用水、農業用水、洗浄用水、冷却用水などとして再利用されていますが、再利用されている量は、まだ処理水量の一パーセントにすぎません。

また下水処理過程で出る汚泥も、以前は埋め立て処分されていましたが、近年では堆肥化して緑地や農地に還元したり、汚泥の焼却灰を加工して煉瓦、タイル、ブロックをつくるなど、再利用される割合が増加しています。

図５－８　流れが復活した玉川上水

写真提供／東京都環境局

流してしまう前に

下水道に流してしまう前に再利用することも推奨されています。たとえばお風呂の残り湯で洗濯するなど、家庭でも知らず知らず排水利用をしています。この精神で、大きな建物でも排水を再利用することがすすめられています。

排水再利用とは生活用水の中で水洗トイレ、洗面・手洗い、厨房、清掃などで使った排水を再生処理し、水道水ほどの水質を必要としないトイレ洗浄、散水、洗車用水などに再利用することで、今や多くのビルなどで導入されています。

再生処理システム

ただし排水を未処理のまま使うのは衛生上の問題があるので、処理施設を設けて、排水中の固形物やにおいをとって塩素殺菌して供給する

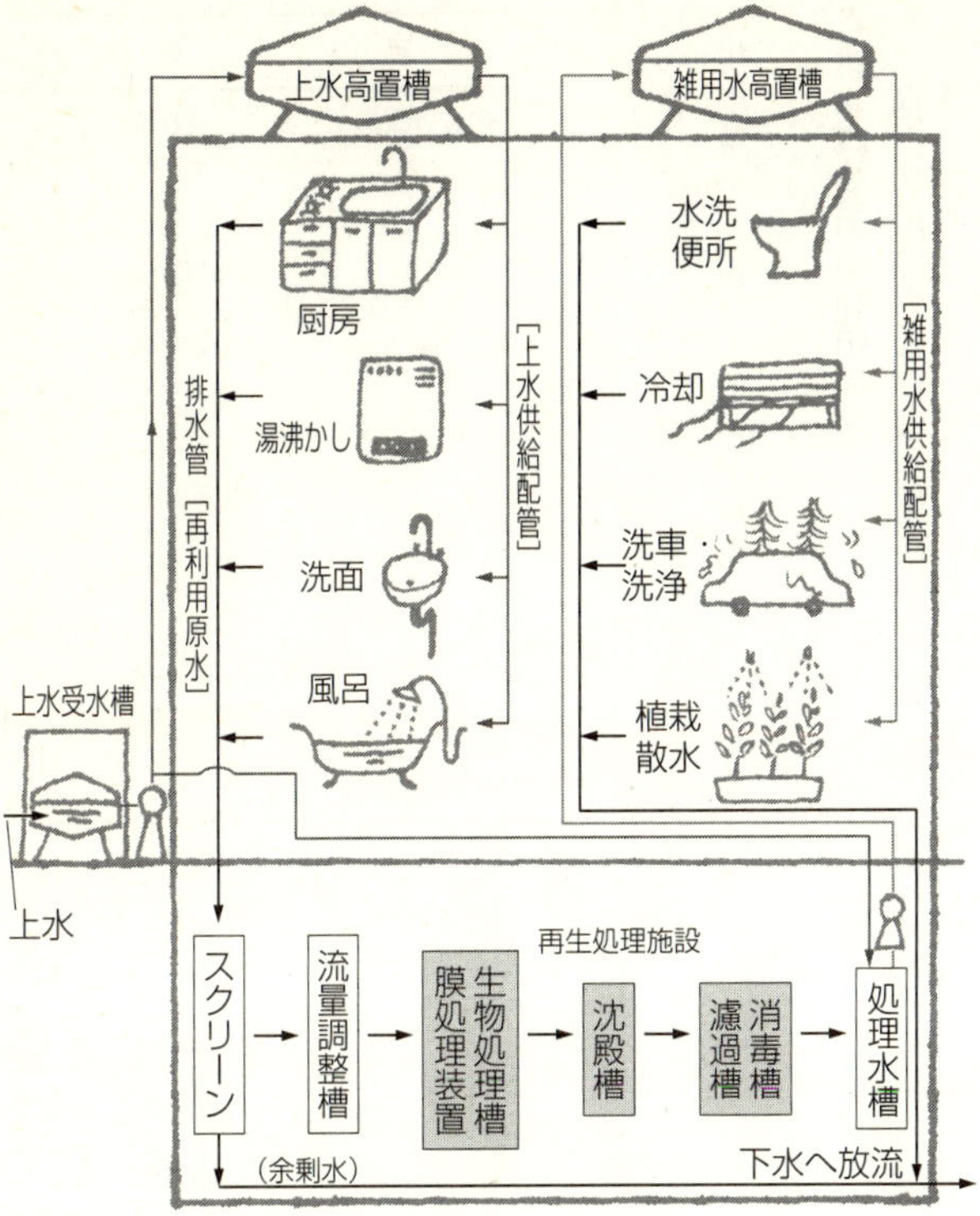
上水高置槽
雑用水高置槽
厨房
湯沸かし
洗面
風呂
水洗
便所
冷却
洗車
洗浄
植栽
散水
排水管
［再利用原水］
［上水供給配管］
［雑用水供給配管］
上水受水槽
上水
再生処理施設
スクリーン
流量調整槽
生物処理槽
膜処理装置
沈殿槽
消毒槽
濾過槽
処理水槽
（余剰水）
下水へ放流

図5-9　標準的な再生処理システム

必要があります。排水再利用でも、用途ごとに水質基準が定められています。

図5-9の再生処理施設は、厨房、湯沸かしなどの雑排水を、水洗トイレなどへ供給することができる標準システムです。

再生処理施設では、まずスクリーンで調理くずなどを取り除き、いったん流量調整槽に貯めます。生物処理槽では、微生物群が槽内に供給された空気中の

項　目	基　準
大腸菌群数	10個/mℓ以下
pH	5.8～8.6
臭気	不快でないこと
外観	不快でないこと
BOD	15mg/ℓ以下 個別循環の場合
	20mg/ℓ以下 上記以外の場合
COD	30mg/ℓ以下
結合残留塩素	0.1mg/ℓ以上

図5－10　排水再利用水の水質基準

酸素を利用して、四～五時間かけて有機物を炭酸ガスと水に分解、除去します。沈殿槽の上澄水には濁り成分が残っているので、これを砂濾過槽で取り除きます。

このようないくつかの処理ステップを経て、基準値のＢＯＤ一五ミリグラム／リットル（この値は一リットルの蒸留水に〇・四ミリリットルの味噌汁が溶けている程度の水質）以下の水が得られます。最後に消毒してトイレなどに供給します（図5－10）。

建物での排水の出所とその割合は、図5－11のようになっていますが、排水を再生処理してトイレの洗浄水に使えば、上水の使用量や下水の排出量を二〇パーセント程度少なくできます。

◆排水再利用の利用規模

排水再利用の方式には利用規模に応じて、

①個別循環方式（一つないし少数のビル内で処理・再利用する）

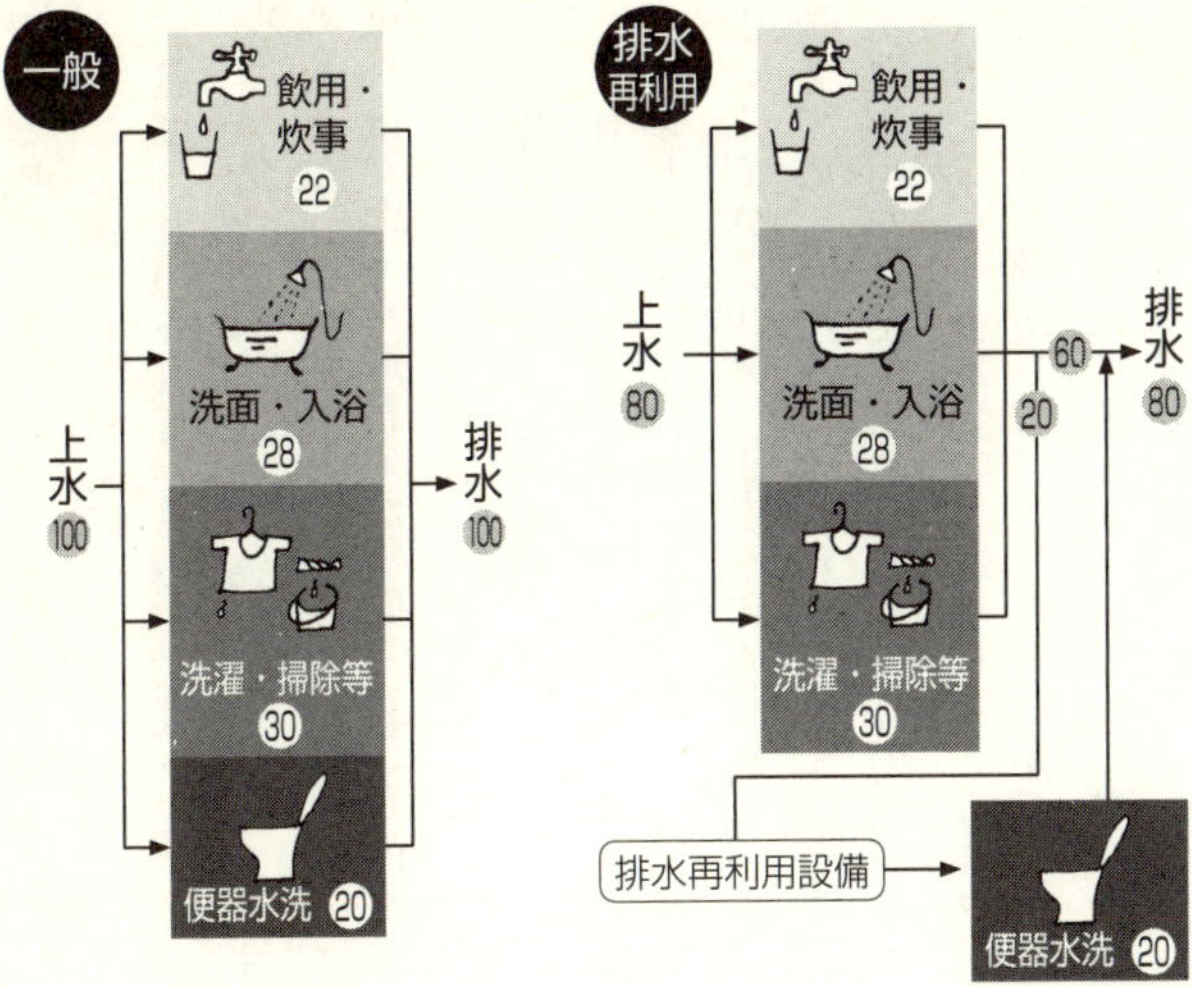
一般
飲用・炊事
22
洗面・入浴
28
洗濯・掃除等
30
便器水洗
20
上水
100
排水
100
排水再利用
飲用・炊事
22
洗面・入浴
28
洗濯・掃除等
30
上水
80
60
20
排水
80
排水再利用設備
便器水洗
20

図5-11　水循環の収支

②地区循環方式（市街地再開発地区などで複数のビル排水を集中的に処理・再利用する）

③地域循環方式（公共下水処理場の処理水を一定地域内で利用する）

の三つの方式があります。

もっとも多い個別ビルでの排水再利用施設は、昭和五五（一九八〇）年以降大幅に増加し、平成一一（一九九九）年現在で二四八六施設になっています。地域別の普及状況は関東臨海部、北九州地区の二つの地区で六四パーセントを占めています。利用施設は事務所ビル、学校など多岐にわたりますが、それらの建物での用途もさまざまです。

また大規模再開発などでは、個々の建物だけでなく、まとめて排水を処理して再利用する地区・地域循環方式の場合が増えています。東京・新宿副都心の高層ビル街の排水が、三キロほど離れた西落合の処理場へ送られ、そこで処理された中水が、新宿副都心に送り返されて広範囲に利用されているのが代表例です。

工場などでは、大量の冷却水が使用されますが、その再利用は当たり前で、使用水量の削減と生産コストの圧縮に貢献しています。たとえば一日二〇〇立方メートルの再利用水を使っている場合は、上下水道料金が年間六五〇万円程度安くなり、経済的なメリットが出ることになります。

日本の水リサイクル事情

日本の産業活動、市民生活での一年間の水の使用量は、平成一〇（一九九八）年には八八七億立方メートルに達しています。その六六パーセントが水田の灌漑などの農業用水、一八・五パーセントが営業用水、事業所用水、消火用水、家庭用水などの生活用水、一五・五パーセントが製造業での工業用水に使われています（図5-12）。

農業用水は全使用水量の約三分の二を使っていますが、その九五パーセントが水田の灌漑用水です。昔は「田越灌漑」といって、上流の水田を潤した水が、順次、下流の水田に流れるというように反復利用していました。しかし現在では圃場整備が進み、用水路と排水路が独立した系統になっているところが多くなって、灌漑水の反復利用率が下がっています。

その一方、農村での新しい水のリサイクルが行われつつあります。農業集落内の屎尿、生活雑

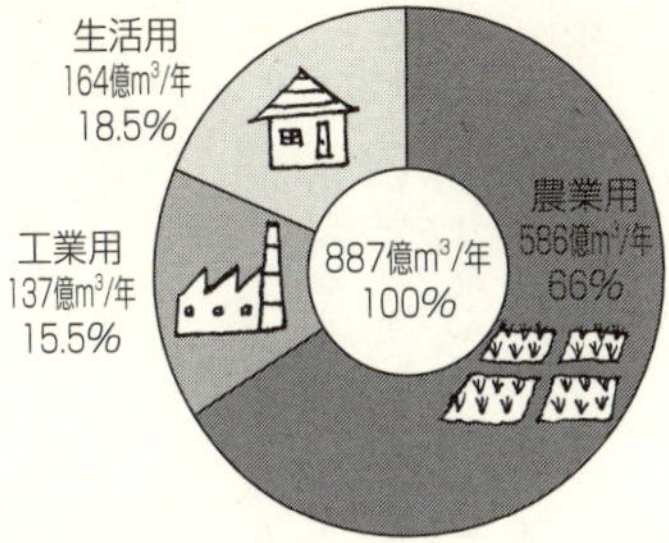
生活用
164億m³/年
18.5%
工業用
137億m³/年
15.5%
887億m³/年
100%
農業用
586億m³/年
66%

図５-12　水の使用形態とその割合

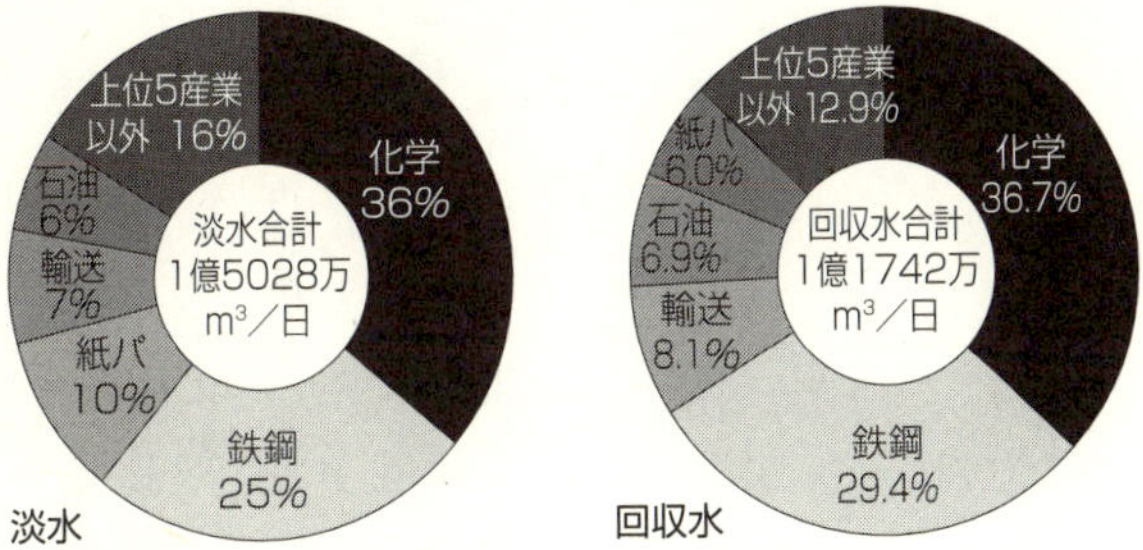
上位5産業
以外 16%
化学
36%
石油
6%
輸送
7%
紙パ
10%
鉄鋼
25%
淡水合計
1億5028万
m³／日
淡水
上位5産業
以外 12.9%
紙パ
6.0%
化学
36.7%
石油
6.9%
輸送
8.1%
鉄鋼
29.4%
回収水合計
1億1742万
m³／日
回収水

図５-13　産業別水使用量

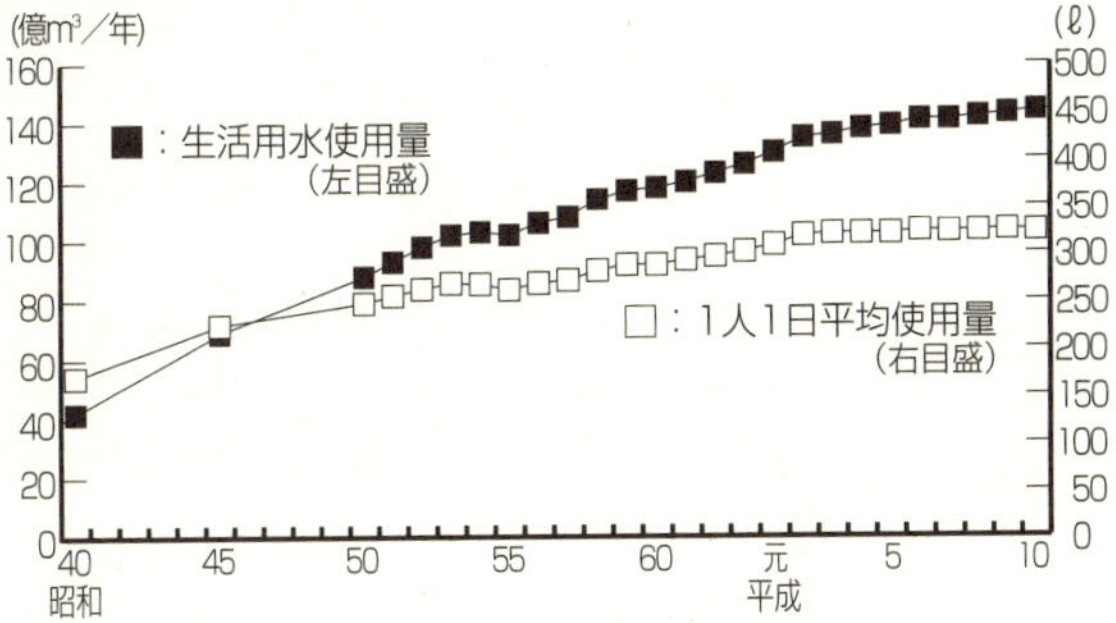
(億m³／年)
(ℓ)
■：生活用水使用量
(左目盛)
□：1人1日平均使用量
(右目盛)
0
20
40
60
80
100
120
140
160
0
50
100
150
200
250
300
350
400
450
500
40
昭和
45
50
55
60
元
平成
5
10

図５-14　生活用水使用量

排水の処理水が、農業用水として利用されているのです。

工業用水の使用量は、化学工業、鉄鋼業、パルプ・製紙・紙加工業、輸送機械器具製造業、石油製品・石炭製品製造業がトップ五業種です。この五業種で全工業用水使用量の八四パーセントを占めています。一方、回収水（再利用水）の使用量でも化学工業、鉄鋼業が圧倒的に多く、この二業種で六六パーセント、五業種では再利用水の約九〇パーセントになります（前ページ図5-13）。

生活用水および個人の使用水量は、現在、一日三二三リットルで昭和五〇（一九七五）年の一・三倍になっています（前ページ図5-14）。使用量が増えた要因は核家族化が進んだこと、水洗トイレやお風呂のある家が増えたことだといわれています。残念ながら、生活排水のリサイクルはあまり進んでいません。

第6章
遊ぶ水・親しむ水

6-1 プールの水

プールの水はホントにきれい？

プールの水には、飲料水なみの厳しい水質基準（図6-1）が設けられています。この基準に合った適切な管理がされていれば、飲んでも差し支えないほどきれいです。

じつは、誰でもプールに入ると自然にオシッコをもらすそうです。また泳げば汗をかいてこれも水に溶けます。化粧を落とさないでプールに入れば、やはり水を汚します。

こうした汚染物質から、バクテリアの働きでアンモニアができます。ある調査によるとプールの水の中の尿素量は一リットルあたり〇・四ミリグラム。これを利用者一人あたりのオシッコの量に換算すると、一日三〇ミリリットルになるそうです。

プールの水の殺菌にも塩素が使われています。ところがアンモニアや尿素と反応した塩素は、結合塩素といって殺菌力が一〇〜一〇〇分の一になってしまいます。

そこで清潔な水を保つ浄化システムが設置されています。プー

項　目	基準値
pH値	5.8以上8.6以下
濁度	2度以下
過マンガン酸カリウム消費量	12mg/ℓ以下
遊離塩素濃度	0.4mg/ℓ以上1.0mg/ℓ以下が望ましい
大腸菌群	検出されないこと
一般細菌	200CFU/mℓ以下
総トリハロメタン	0.2mg/ℓ以下(暫定目標値)

図6-1　プールの水質基準

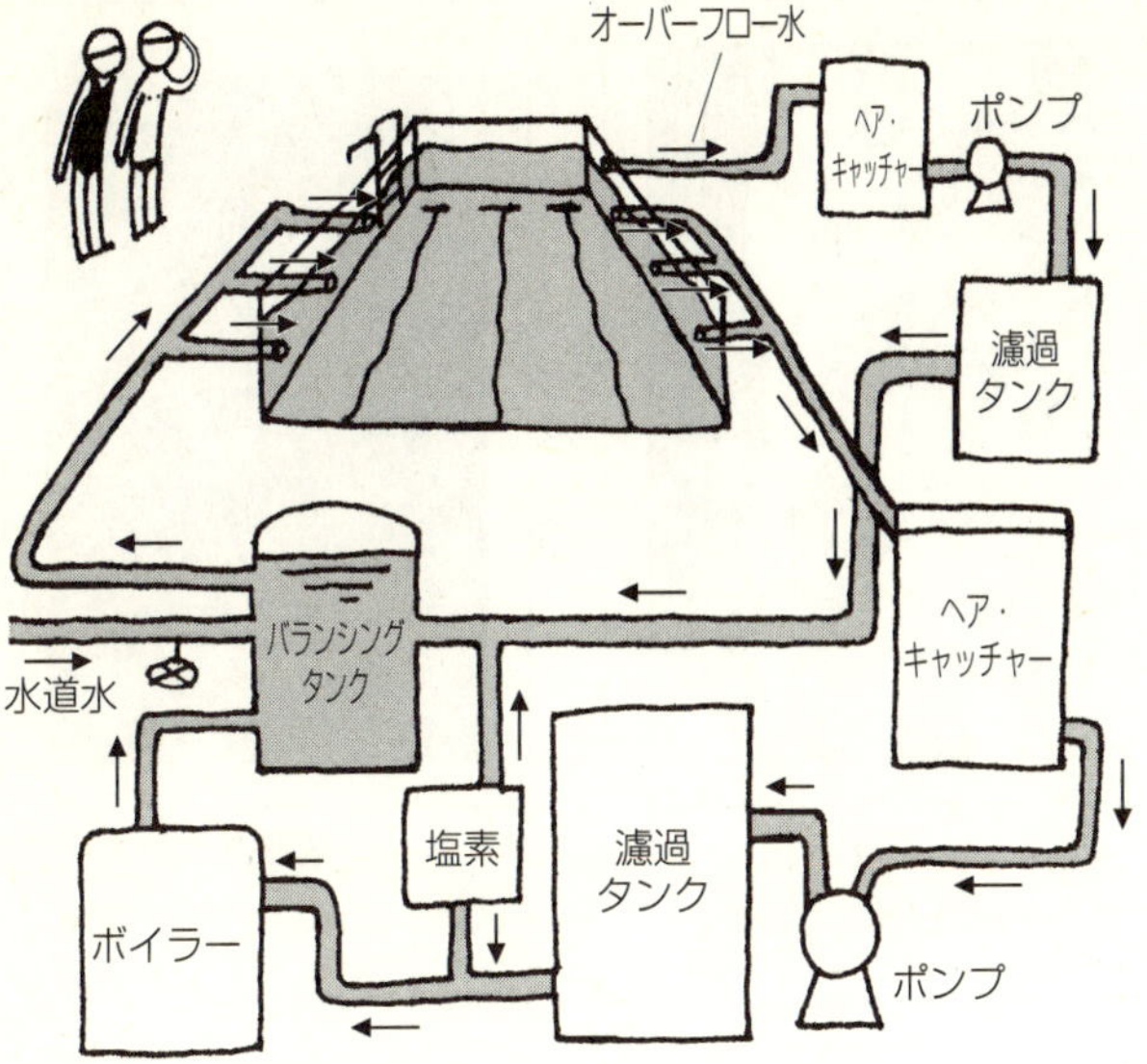
オーバーフロー水
ヘア・キャッチャー
ポンプ
濾過タンク
ヘア・キャッチャー
バランシングタンク
水道水
塩素
濾過タンク
ポンプ
ボイラー

図6－2　プールの循環濾過システム

ルの水を濾過して汚れを取り除き、塩素を基準値まで追加してプールに返すのが一般的な方法です（図6－2）。

さらに、活性炭濾過とオゾン処理を併用したシステムも実用化していま す。この新システムで浄化されたプールの水は、従来の浄化システムに比べて、溶け込んでいる有機物（汚れ）も減り、より少ない塩素添加量で効率よく殺菌でき、一般細菌数（いわゆる雑菌）も減少するというデータが出ています。

プールで感染する病気

しかし残念ながら、プールを介した病気が起こることも皆無ではありません。その原因は、予想を上回る遊泳者

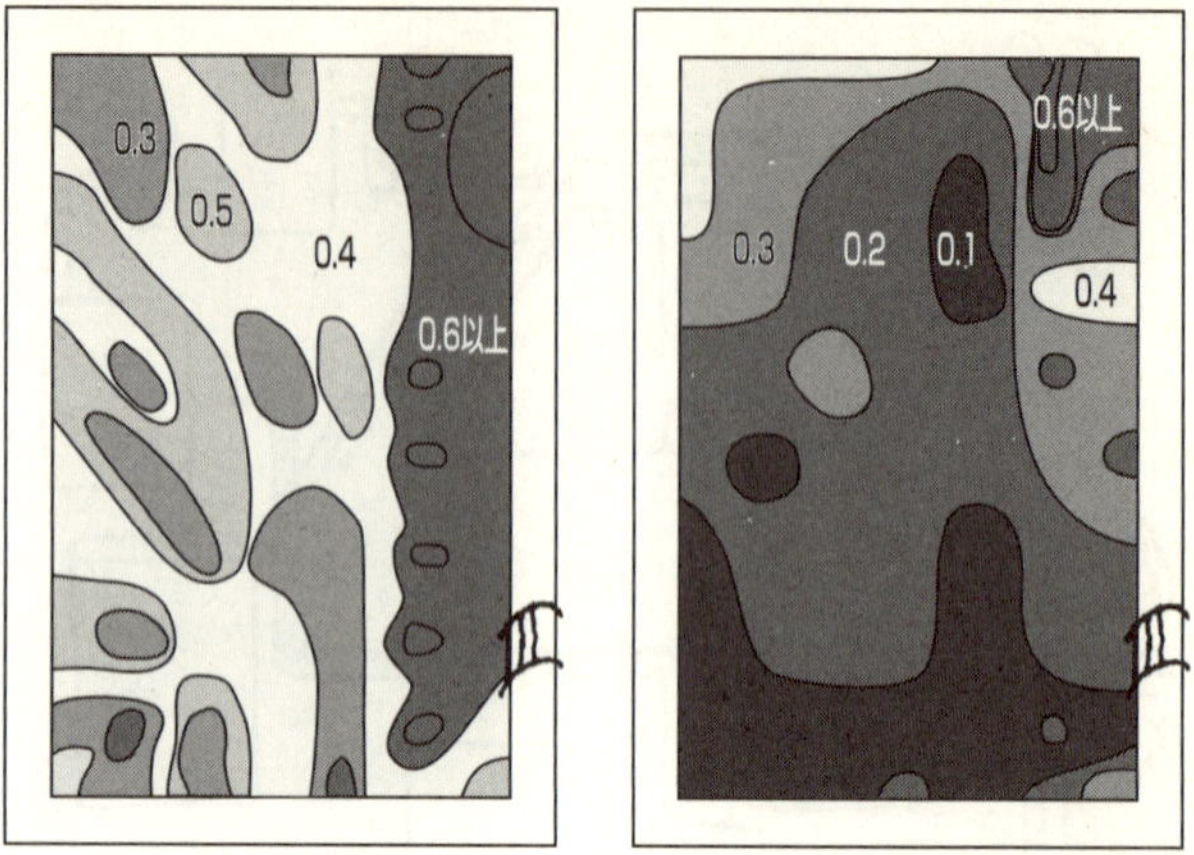
0.3
0.5
0.4
0.6以上
0.6以上
0.3
0.2
0.1
0.4

遊泳前

プールの中の残留塩素の濃度には、ムラがある。基準は0.4ppmだが、それに満たない部分もあった。

遊泳後

人が泳いだ後に調べると、遊離塩素濃度が大幅に減り、ほとんどが基準値に達していない。

図6-3　プールの残留塩素濃度分布の例

横浜市衛生研究所による

によって、汚れがひどくなったり、殺菌効果が低下（塩素濃度の低下）したような場合です。また塩素濃度はムラがあり、基準値に満たない場所ができる場合もあります（図6-3）。適切な水質管理が行われていれば、そのようなことは起こらないはずですが……。

水泳プールが感染の場になる可能性がとくに大きい病気は、皮膚や目の病気です。

代表的なのは咽頭結膜熱というのどと目の病気で、目の痛みと高熱が特徴的です。プールで感染することが多いので、別名を「プール熱」といいます。病原体はアデノウイルスで、のどや目の病気以外にも、下痢や夏かぜの症状を起こします。

病巣で増殖したウイルスは、目やのどからも多量にプールの水にばらまかれます。じつは糞便からも多量にしかも長期間にわたって排泄されるので、プールに入る前によく洗い落としていないと、やはりプールの水を介して感染が広がる恐れがあります。

ミズイボもプールで感染しやすい皮膚病で、病原体はやはりウイルスです。感染すると、皮膚に小さい水疱のようなイボがたくさんできます。治療は、皮膚科で一つ一つピンセットで取ってもらうしかありません。

感染するような病気のときにはプールに入らない、という最低限のマナーを守ってください。

6-2 親しむ水

池や川の水

池や川はさまざまな水生生物、微生物が生息しており、それらが流れ込んだ有機物（汚れ）を分解しています。流入量と分解量がうまくバランスしていると、水は澄んでいます。

しかし、たとえば池の周囲に住宅が建設され、その生活排水が未処理のまま流入すると、流入と分解のバランスが崩れて水質、景観が悪化します。

排水の流入によって水の有機物濃度が上がると、水中の溶存酸素（水に溶けている酸素）がなくなり、酸素を必要とする魚や好気性微生物が死んでしまいます。好気性微生物に代わって嫌気性微生物が増えると、黒いドブ水になり、メタンガスや悪臭の原因となる硫化水素が発生します。

排水には有機物の他に窒素やリンも含まれています。これらは植物プランクトンや水生植物の成長をうながして池や川が緑化し、景観を損なうばかりでなく、水中の溶存酸素を消費してしまい、魚や水生生物がすめなくなります。

さらに、植物プランクトンなどは蓄積してヘドロになり、長期間、さまざまな害を与えるばかりでなく、その量が増えると池そのものが失われてしまいます。

このように窒素、リンによって水中に大量の植物が発生することを、富栄養化現象といいます。池や川の景観と水質を保つために、水処理技術を利用した浄化や、ヘドロの浚渫（しゅんせつ）（排出）も行われています。こうして、たとえば皇居のお堀などは、浄化作業によって水質と景観が保たれています。

しかし最善の方法は、下水道を整備して生活排水が池に流れ込まないようにすることです。

親水公園とビオトープ

都市化が進むにつれて、どこもかしこも埋め立てられたり、コンクリートでおおわれたりして、かつては子どもの遊び場であり、自然と触れ合うことができた身近なせせらぎ、池がずいぶん少なくなってしまいました。そこで改めて都市・地域整備の一環として、水と親しめる「親水公園」や「せせらぎ水路」の建設が進められています（図6−4）。

写真の音無親水公園（東京都北区）は水道水を流していますが、こうした親水空間の水としては、他に河川から引き込んだ自然水や下水の高度処理水を利用しているところもあります。

図6－4　水に親しめる川（東京・音無親水公園）

高度処理水は文字通り高度に浄化されているため汚れが少なく、無色透明で、また殺菌されているため衛生的です。

これまでの河川工事、護岸工事では、川岸がコンクリート壁で垂直におおわれてしまうため、水生生物の生育環境が著しく損なわれてしまっていました。

しかし最近では、石を組んだり、水辺の植物を植えたりして、水生動物が生息できるような配慮をした工事が行われるようになってきました。

「ビオトープ」をご存じですか？

これは生物（ビオ）と空間（トープ）を

合わせた言葉で、環境条件ごとに自然に成立する「生息空間」を意味します。最近では、自然環境の保全、復元のために、水辺にアシやヨシなどを植えた人工的なビオトープも建設されるようになりました。

ビオトープでは、汚染が自然生態系によって穏やかに浄化されます。このような自然浄化機能を持つ人工的なビオトープも親水空間に含まれます。

親水空間は水に親しむだけでなく、そのことを通して、これまで住民の目には見えにくかった下水道の大切さを知ってもらうことにもなっています。

滝と噴水

滝は、遠く山奥に分け入って見に行く人がいるほど魅力的なものです。一方、噴水は人工的なものですが、同じように親しまれています。公園や庭に、大小の滝や噴水を造ることも珍しくありません。

とくに噴水は、ポンプを利用して自由に水量、水圧を加減できるので、規模だけでなく造形的、色彩的にも著しく進歩しています。時間とともに噴き上がる形が変化したり、さまざまな色彩でライトアップされた噴水を見ると、時間のたつのも忘れてしまうほどです。

一般に噴水装置にはポンプを使うので電力が必要ですが、水の流れるエネルギーを巧みに利用した、電力不要の噴水装置も開発されています（図6－5）。

図6－5　電力不用の噴水装置（沖縄・福地ダム）

滝や噴水は、見て楽しいだけではありません。水が噴出して空気と接触することによって溶存酸素濃度が高まるので、水生生物にもよい環境を整えることができます。

藻類の繁殖を抑制するため、高圧の噴水装置が設置されたところもあります。これは水が高くまで噴出するので、酸素供給量が多くなるだけでなく、藻類が水圧によって分解されるので、水質保全に役立ちます。

水琴窟

私たち日本人は、自然の音を、心地よい音楽のように聴くことができます。流れ落ちる水を利用して、地中から響く幽玄な音を楽しむ水琴窟（すいきんくつ）は、まさに日本人ならではの楽しみ方といえるでしょう。

水琴窟は江戸時代中期の庭師が、蹲踞（つくばい）

蹲踞
水滴

図6－6　水琴窟の仕組み

苦沙弥の雑文集HPにもとづく

（小さな水鉢）の排水施設から考案したといわれています。

蹲踞の下には水抜きの口があり、そこから水が滴り落ちます。排水をスムーズに行うため、壺をさかさに置き、空間を設けて水が抜けやすくしました。

さかさまにした壺の下部に水が溜まっていると、底に落ちる水滴の音が壺の空間に響いて、いろいろな音色になります（図6－6）。

耳を澄まさないと聞こえてこないような幽かな音色で、壺の形、うわぐすりの有無、季節によって微妙に音色が変わるといいます。

深夜まで騒音の途切れない都会の雑踏の中では、楽しむことはできないかもしれません。

6-3 水をまく方法

染み込ませるか振りまくか

庭の草花の成長を見ながら、毎日、水遣りするのは楽しみです。庭を持てない都市部でも、最近は、屋上に庭を造ることがさかんになっています。屋上庭園は直射日光を遮り、土の断熱効果によって暖冷房も節約できます。また都市特有の気温上昇現象（ヒートアイランド）を防ぐとして、奨励されています。

しかし留守が続くと、水遣りできずに草花を枯らしてしまいます。また広い庭では水遣りも大仕事になってしまいます。そういう場合に備えて、散水を自動的に行うシステムがあります。必要な箇所に配管して、タイマーで自動散水するのです。散水には二つの方法があります。

一つは、地表や地中に穴あきパイプを配置して、タイマーで蛇口（電磁弁）を一日一、二回自動的に開けて水を撒く方法です（次ページ図6-7上）。散水回数はタイマーの設定で自由に変えられ、水量調節は電磁弁の手前の配管に調整弁をつけて行います。ただし穴あきパイプでは均一な散水がむずかしいので、注意しなければなりません。

もう一つは、スプリンクラーによって散水する方法です（同図下）。スプリンクラーは散水規模の大小によってシステムが異なります。

穴あきパイプ

スプリンクラー

図6-7　散水の方法

ゴルフ場やグラウンドなど広い散水面積がある場合は、何ヵ所にもスプリンクラーが設置されています。散水が始まる前にまず数ヵ所のノズルが地上に飛び出し、クルクル回転しながら散水していきます。それが終わると、次の数ヵ所のノズルから散水する……というようにプログラムされています。

わが国は比較的雨が多いため、樹木などには、植え込み初期を除いてあまり散水していません。しかし乾燥地や土が少ない屋上庭園などでは、草花だけでなく樹木にも散水が必要です。その場合は、一般に穴あきパイプで散水するシステムが用いられています。水が飛び散らないのでスプリンクラー散水より効率がよく、節水できるからです。

穴あきパイプ方式は、家庭用の簡単なセットも市販されています。

散水量はどれくらい?

ゴルフ場のスプリンクラーなどは、水圧によって蓋ごと地面から持ち上がり、内部に組み込まれたギヤによってゆっくり回転しながら三六〇度散水する仕組みになっています。そこでスプリンクラーの水圧は、一・五〜六・〇気圧必要です。

芝などに散水する場合の散水量は、通常一平方メートルあたり二〜五リットル程度必要です。つまり一〇〇平方メートルの広さに二〇〇〜五〇〇リットルで、これは大きな浴槽一杯分の水量です。大型のノズルでは一つで直径六〇メートルをカバーできます。庭園や温室などの小規模のスプリンクラーでは、直径一〜二メートルをカバーします。

一つのノズルでは、小さいもので一平方メートルあたり毎分五〜一〇〇リットル散水できます。大きいものは散水面積が広くなるため、一平方メートルあたり毎分〇・二〜〇・四リットルと小さくなります。

6-4 水族館の水

水槽の中はどんな水？

超大型の水槽（図6-8）が造られるようになって水族館が人気です。その水槽に入っている膨大な量の水は、濾過槽、ヒーター、冷却器、殺菌装置、送風機などの設備を用いて、魚が健康で過ごせるように水質管理されています。

水槽の水（飼育水）にアンモニアが増えると、エラから酸素を取り入れるのを妨げるので、魚が窒息して死んでしまいます。アンモニアの許容量は水一リットルあたり〇・一ミリグラム以下とされています。

ところが魚の排泄物にはアンモニアが多く含まれていて、体重一キログラムあたり一日に〇・五グラムのアンモニアを排泄します。そこで水槽の水を繰り返し濾過槽に送って、アンモニアを除去しなくてはなりません。一般に一日二四回程度濾過槽に送っているのです。

飼育水の溶存酸素は、魚の呼吸や有機物の酸化などによって常に消費されています。そこで常に水槽に空気を送って、水一リットルあたり五ミリグラム以上の酸素量を保っています。

魚の排泄物などから発生する水の濁りは、水槽の透明性を妨げるとともに、やはり酸素を消費します。そこで濾過により濁りの量を水一リットルあたり一ミリグラム程度に保っています。

図6－8　水族館の大型水槽（東京・葛西臨海水族館）
©共同通信

また雑菌は魚の病気の原因になるので、殺菌装置で増殖しないようにしています。

このほか、水温、塩分濃度、水素イオン濃度などは海水魚と淡水魚、熱帯性と温帯性など魚の種類によって異なるので、それぞれ適した状態に維持されます。

水をどこから運んでくる?

水族館では海や井戸から採取した水が貯留タンクに大量に貯められ、いつでも給水できるようになっています。

淡水の場合は井戸水、表流水（河川水や湖沼水など）、水道水が使われています。一般に水質が安定して良好に保たれていることが多いので、そのまま貯水タンクに貯めて使っています。

海水の場合は、海に近い水族館では採水

管を海底に設置し、ポンプで汲み上げています。海中の取水口には網を張って、海草や小動物が吸い込まれないようにしています。採取した海水は、濾過して濁りを取り除き、透明度の高い水にして貯水タンクに貯めます。また、船で透明度の高い外洋の海水を汲んで運んでいるケースもあります。

内陸や都市内にある水族館では、直接、海水を採取することができないので、船で運んできた外洋の海水を港で車に積み替え、陸送しています。

飼育水は常に水槽内の水を排出しながら新しい水を供給することで、きれいで透明な水に保っています。供給する水は、新鮮な海水や地下水を使う方法（開放式）と、水槽から排出した水を濾過槽で浄化して再利用する方法（循環式）があります。

開放式は、水の運搬と水温調節のためのコストが高くなります。また季節や天候などによっては良質な水が採取できないことがあります。これに対して循環式なら、海から遠いところの水族館でも海の生物を飼育できます。水温調節も容易ですので熱帯の生物も寒帯の生物も飼育できます。そこで、ほとんどの水族館では循環式を採用しています。

水族館の水浄化システム

もちろん同じ水を繰り返し使えば、魚の排泄物やエサの残りかすなどの汚れや、アンモニアの増加、溶存酸素の低下、藻類や雑菌の繁殖などで水質が悪化します。そうなると水の透明度が下

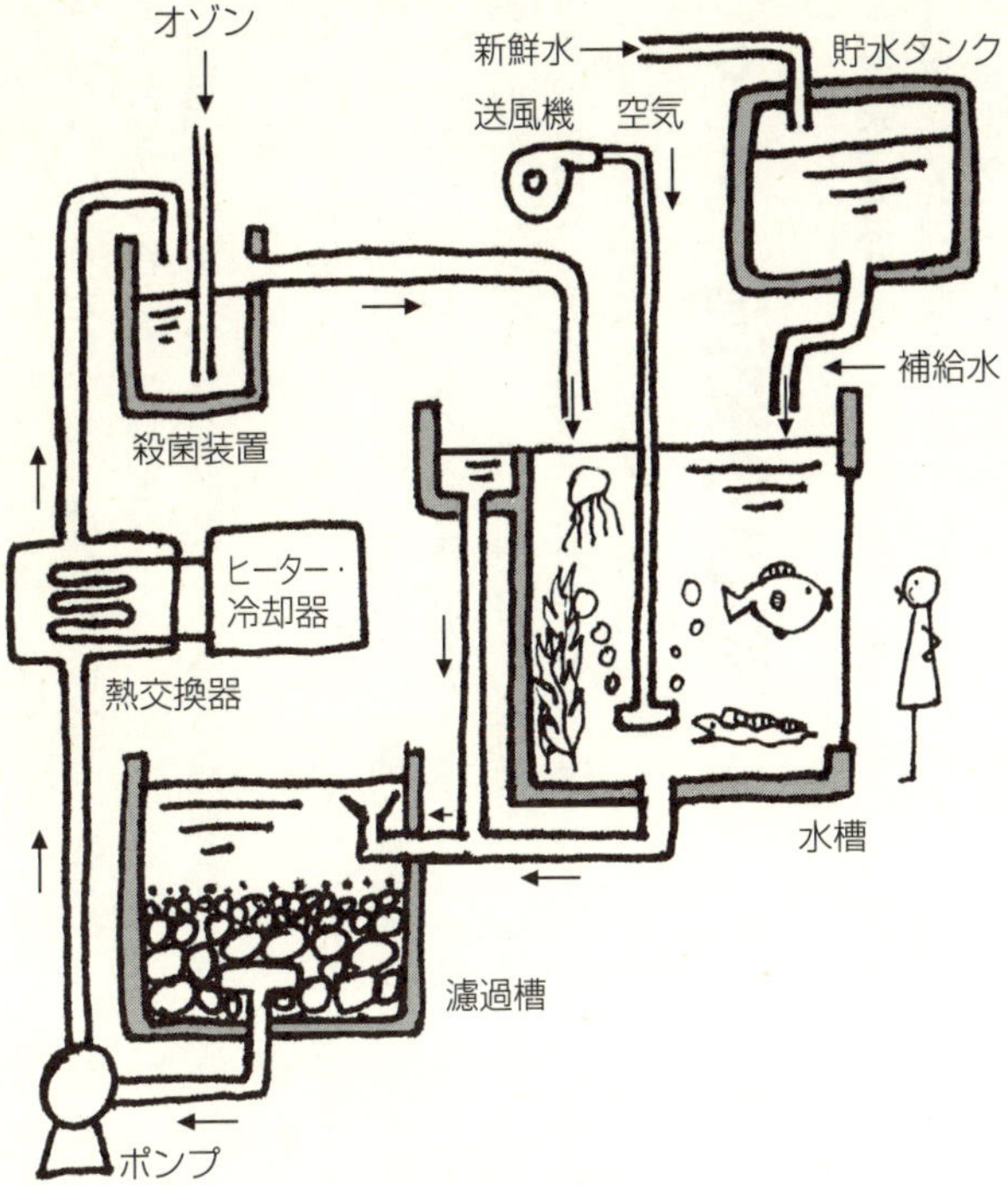
オゾン
新鮮水
貯水タンク
送風機
空気
補給水
殺菌装置
ヒーター・
冷却器
熱交換器
水槽
濾過槽
ポンプ

図6-9　水族館の循環浄化システム

がって見えにくくなるだけでなく、魚の健康にも悪影響が出ます。そこで浄化システム（図6-9）が重要なわけです。

飼育水は水槽と濾過槽の間を循環しています。

水槽から戻った水は、まず細かい砂が入った濾過槽に入ります。砂の層で浮遊物を漉し取るだけでなく、砂の層の表面に繁殖した微生物の代謝作用により、アンモニアを酸化して無害な硝酸塩に変えています。このとき濾過槽内の酸性度が高く

(pHが低く)なって微生物の働きが阻害されることのないよう、配慮されています。すなわち水族館では、水槽だけでなく濾過槽の中でも生物を飼っているわけで、こうした自然の仕組みを取り入れて水を浄化しているのです。

濾過された水は、熱交換器により温度調節され、紫外線やオゾンで殺藻、殺菌されてから水槽に戻ります。

この他、水槽に細かい空気の泡を送り込んで溶存酸素を確保します。また、水面に浮いた浮遊物や油分を取り除くために、水槽は、一部、水があふれ出るようになっています。

循環式といっても水の入れ替えがまったくないわけではありません。蒸発分の補給や塩分濃度調節のために、三~一〇パーセントの新鮮水が、貯水タンクから毎日補給されています。また、水槽の清掃などで水を全量交換するときも、貯水タンクから新鮮水を供給します。

6-5 温泉のお話

「温泉」とは?

温泉法では「温泉」を「水温二五度C以上、硫黄、鉄、ヨウ素、ラドン、炭酸、水素イオンなど一定量の物質の含有量があるもの」と定義しています。つまり「入浴」できないほどの低い水温でも「温泉」ということになります。

また含まれる物質によって分類されています。含まれる成分が薄くて泉質を指定できないものは「単純泉」で、無色・無臭です。水素イオン濃度（pH）が三未満のものは「酸性泉」です。ラドン、ラジウムなど放射性物質を含むのは「放射能泉」といいます。

その他の分類は、おもに含有物質名によるので、硫黄泉や二酸化炭素泉のようにすぐわかります。この分類はさらに細かく温泉場に表示されています。名湯百選の泉質を次ページ図6−10に示します。

温泉の効能

代表的な泉質について、特徴とその効能を簡単に述べます。飲む場合は、必ず飲用の適、不適を確認してください。

単純泉：身体に対する刺激が弱く、切り傷などによい。飲むと利尿作用を促進し、また軽い胃腸病に効果がある。

硫黄泉：硫化水素の腐ったようなにおいがあり、換気の悪い所では中毒を起こす。このガスは痰を出やすくするので慢性気管支炎によい。皮膚の角質を軟化する働きがあり、慢性湿疹、慢性皮膚病に効果がある。末梢の毛細血管を拡張させるので、血液の流れが活発になり、高血圧症、動脈硬化症、しもやけなどによい。心臓の冠状動脈も広げるので心臓の働きを活発にし、心臓

泉質	北海道・東北	関東・甲信越	中部・北陸	紀伊・関西	中国・四国	九州・沖縄
単純泉	カルルス、鳴子、飯坂、磐梯熱海	七沢、石和、下部、鹿教湯、(伊東)、(鬼怒川)	宇奈月・鐘釣、尾張かにえ、榊原、(湯沢)	南紀白浜	奥津、湯原、三朝、俵山、道後	筑後川・吉井、湯布院
単純硫黄泉	十和田、鶯	日光湯元、白骨、戸倉上山田、寸又峡		那智勝浦	三丘	雲仙・小浜、地獄・垂玉、川内、霧島
酸性泉		草津				
硫酸塩泉 ーぼう硝泉		塩原、袋田・大子、七滝・大滝、伊豆長岡・古奈	下呂			
ー石膏泉	上山	法師、伊香保、湯田中・渋、(水上)		浜坂・七釜		
ー正苦味泉	作並					
ー明礬泉						別府八湯
ー緑礬泉	玉川	草津				
単純 放射能泉					湯来・湯の山	古湯・熊の川
炭酸水素塩泉 ー重曹泉	肘折	勝浦、小谷		湯の峰、川湯、龍神、十津川		湯の児
塩化物泉	ニセコ、湯の川、二股ラジウム、五所川原、大湯、夏湯	四万・沢渡、増富、瀬波、修善寺、(湯河原)、(箱根湯元)	加賀・八幡、湯桶、葦原		玉造	指宿
単純二酸化炭素泉	酸ヶ湯			有馬		
炭酸鉄泉		伊香保				

①百選は、健康と温泉FORUM実行委員会による。
②( )は、百選にはいっていない。
③恵山温泉郷、須川温泉、今治クアハウス、蘇鶴温泉は、百選にはいっているが、区分にはない。

図6-10 名湯百選と泉質

の湯ともいわれている。飲むと血糖値を下げる働きをするので、糖尿病に効く。また腸の働きを活発にするので便秘によい。

酸性泉：強い刺激と殺菌力で慢性皮膚病、湿疹などによい。飲むと慢性消化器病や貧血によい。

硫酸塩泉（石膏泉、正苦味泉、明礬泉、緑礬泉）：毛細血管を拡張させるので、高血圧や動脈硬化症に効果があり、また傷の湯としても知られている。飲むと胆石症、慢性便秘、肥満症などに効果があるといわれている。

単純放射能泉（ラジウム泉）：微量の放射能は人体によいとされる。鎮痛作用により神経痛、痛風、胆石症によく、小便の出がよくなり腎機能を改善する。飲んでも浴用と同じ効果がある。

炭酸水素塩泉（重曹泉など）：アルカリ性の湯で、皮膚の洗浄力が強く、美人の湯ともいわれ、慢性皮膚病ややけどによい。飲むと胃酸を中和し炭酸ガスが発生して排泄を促し、胃の運動機能も高めるので、慢性消化器病によい。また、胆汁の分泌も促進するので、肝臓の働きを活発にし、胆石症、初期の肝硬変、糖尿病に効果がある。

塩化物泉（ナトリウム塩化物泉）：食塩泉ともいわれ、保温力が高いことから皮膚病、やけどによい。飲むと胃腸病に効果がある。

単純二酸化炭素泉：無色透明で清涼感があり、炭酸ガスの泡が皮膚を刺激して毛細血管、細小動脈を拡張するので血液の循環がよくなり、高血圧症、動脈硬化症に効果がある。飲むと胃腸の粘膜の働きや水分の吸収をよくして、慢性消化器病、慢性便秘に効果がある。

含鉄泉（炭酸鉄泉）：茶褐色でじっくり温まる泉質のためリウマチ性疾患、更年期障害などによい。飲むと鉄の造血作用により貧血に効果がある。

温泉に入るコツ

温泉に長く入っているのは心臓や血圧に好ましくありません。最初は数分程度にし、徐々に長くしていきます。一日の入浴回数も数回以下とします。また温泉に入った後は、真水で洗い流さないようにして、温泉成分を皮膚から浸透しやすくします。

熱い湯は、体に何回もかけて慣らしてから入るようにします。また、熱いと血圧が急上昇するので、高血圧の人やお酒を飲んだ後に入るのは、気をつけなければなりません。

高齢者で皮膚乾燥症、皮膚・粘膜の過敏な人は、硫黄泉・酸性泉の入浴は避けます。

妊娠している人については、一般の入浴と同じで、とくに医学的には禁止されていません。

飲める温泉と飲めない温泉

温泉水が飲めるかどうかは、一般の使用箇所には表示してあり、表示がない場合は飲まないほうが安全です。

雑菌、大腸菌、有機物に汚染されておらず、ヒ素、銅、フッ素、鉛、水銀などが一定基準以下の温泉であれば飲むことができます。また、においや味あるいは濁度なども、一般の飲料水の水質基準ほどではありませんが、異常がないことが必要です。

とくに注意する点は、泉温が低いときや、循環濾過している浴槽水を飲んではならないということです。循環している温泉では、浴槽にある蛇口に工夫がしてあって、飲むのをむずかしくしてあります。そういう蛇口から無理に飲もうとしないでください。

欧米では古くから、温泉水を飲む治療法がありました。前述の温泉の効用も、適応症に合わせて飲むといっそう効果が発揮されるといわれています。

ただし、腎臓病や高血圧の人は塩化物を含んだ温泉を飲むのは好ましくありません。下痢ぎみのときは硫黄泉、酸性泉、単純炭酸泉などは飲まないように。肝臓病、高血圧症、その他むくみのあるときは、ナトリウム硫酸塩泉、重曹泉、食塩泉などを飲むのはやめましょう。

ぬるい温泉を温める方法

源泉の温度が低いときは、当然、沸かして湯船に供給することになります。沸かし方には二通りあります。

一つは源泉のところで加熱して供給する方法です。この場合は配管で供給することになり、その間に冷めてしまうのでコストがかかり、温泉の単価が上がります。もう一つは源泉から低温のまま供給し、使用箇所で加熱する方法です。使う場合だけ加熱するので合理的です。

別荘など、使用量が少ない場合は、湯沸かし器を使うこともできます。しかしその場合、泉質

図6-11　湯畑（草津温泉）

によってはすぐに熱交換部の銅管に穴があく場合や、水に含まれているカルシウム、硫化物などの沈積物（スケール）が溜まって効率が低下する場合があるので、設計事務所や工事店とよく相談してください。

　また、大きな浴槽だけに供給する場合は、直火で温めず、高温水や蒸気で間接的に温めて（熱交換器という）循環濾過する方法も用いられています。

熱い温泉を冷ます方法

　夏場に、五〇〜六〇度Cの源泉を入浴適温の四二度C程度に下げるのは、結構大変です。ただし源泉の湯温が一定なら、浴槽に入れる温泉量を調整することで適温を保てます。

　群馬県の草津温泉では、昔から「湯もみ」といって、源泉を板でこねて温度を下げる慣習があり、今では名物になっています。また「湯畑」といって、源泉の熱い湯を長い導水（湯）路を通して流すことで自然に冷ます工

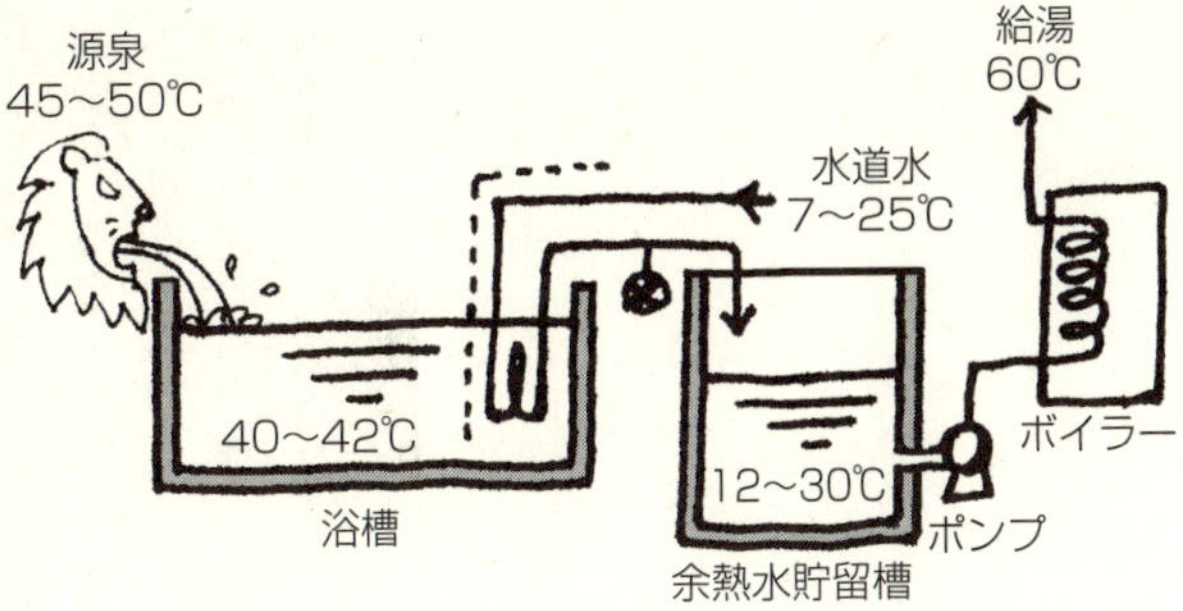
源泉
45〜50℃
給湯
60℃
水道水
7〜25℃
40〜42℃
12〜30℃
ボイラー
浴槽
ポンプ
余熱水貯留槽

図6-12　温泉の湯温調節の一例

夫も行われています（図6-11）。

設備的にも簡単に冷ます方法は、冷却塔で冷やしたり、上がり湯などのためにお湯にする水道水と、熱交換する方法です（図6-12）。

また源泉の温度が高ければ、ヒートポンプを使って、空調設備の冷温水の熱源としても使用することができます。しかしこの方法は、温泉が豊富に得られないと経済的ではありません。

温泉の集中管理

伊豆の湯河原温泉は歴史も古く、全国的にも有名です。ところが数十年前、乱掘で源泉が細り、温泉水位の低下、泉温の低下、泉質の変化などの恐れが出てきました。

そのため、温泉宿が個々に採掘・採取するのをやめ、温泉を町全体で総合的に集中管理することにしました。これによって採掘量を減らし、泉温を平均化して使用量と源泉量を均衡化させたのです。

各源泉を混合して泉温を均等化し、各温泉貯湯（配湯）槽に水量・水温のセンサーをつけて監視・制御し、温泉を温めなくてもすむようにしたのです。その結果、枯渇は食い止められ、末端蛇口からの泉温も温めなくても使用できるようになりました。

昭和四〇年代の初めに、青森の浅虫温泉でも本格的な集中管理が採用されました。このような集中管理方法は、すでに全国一〇〇ヵ所近くの温泉で採用されています。

第7章 働く水

7-1 切る水

名刀の切れ味

富山県の名産の一つにマスの押し寿司『ますの寿司』があります。円形の寿司が扇形に切られていて、食べやすくなっています。これは包丁で切るのではありません。なんと水で切るのです（図7-1）。

人気商品ですから大量に作られます。これを切るのに、たとえば自動包丁のような装置を使ったら、刃こぼれの破片や機械の油が混じらないとも限りません。食品ですからそのようなことは絶対にあってはなりません。そこで水で切る「ウォータージェット加工」という技術が取り入れられたのです。

また、あるファミリーレストランのセントラルキッチンでは、正確に切れ、刃こぼれの恐れがないということから、ウォータージェットでキャベツを刻んでいます。

医療分野でも、生理食塩水によるウォータージェットメスが、肝臓手術に使われています。水圧を調整することで、肝細胞は切断するが、組織の硬さが異なる血管は切断しないので、血管切断による多量の出血を防ぐことができるのです。

この他、さまざまな分野で水が名刀の切れ味を発揮しています。

SUGINO

図7－1　ウォータージェットによる『ますの寿司』の切断

写真提供／スギノマシン

雨粒がヒント

ウォータージェットは、直径〇・一～一ミリメートルのノズルから、超高圧で水を噴射させることで切断する仕組みです。たとえば手術で活躍するウォータージェットメスなら、大気圧の一〇～二〇倍程度の圧力の生理食塩水を、太さ〇・一～〇・二ミリメートルで噴出させるのです。

この技術は飛行機から生まれました。高速飛行するジェット機にぶつかる多数の雨滴が、機首のレーダードームの表面にくぼみや亀裂を発生させます。その防止対策を研究しているうちに、これを積極的に応用しようということから開発されたのです。

ウォータージェット切断は、

①加工物とノズルが非接触なので、自由な曲線、曲面の切断が可能である。

②切断するとき発熱しないので、材料が熱変形したりガスが発生することがない。

③任意のところから切断をスタートし、任意の点でストップできるので、複雑な切り抜き加工も容易にできる。
④細い噴流を利用するため「切断しろ」が小さいので、複雑で小さな形状の切断ができ、高価な材料も無駄なく切断できる。
などの特色があります。

金属も一刀両断!

ウォータージェットには、水だけを使うもの（アクアジェット切断）と、水に研磨剤（アブレシブ）を混ぜるもの（アブレシブジェット切断）の二つがあります。

アクアジェット切断は、二〇〇〇～三五〇〇気圧という高圧の細い噴流水で材料を切断します。プラスチック、紙、パルプ、繊維、織物、ゴム、皮革、食品、木材、合板の切断に利用されています。

切断速度は材料によって異なります。たとえば厚さ〇・一五ミリメートルの洋紙は一分間に三〇〇メートル、厚さ七ミリメートルの二層段ボールは二〇〇メートル／分、厚さ一二ミリメートルの合板は三・五メートル／分の速度で切断できます。やわらかな材料は少し苦手で、厚さ二ミリメートルの布地だと二〇メートル／分になってしまいます。

研磨剤を入れたアブレシブジェット切断も、噴流水の圧力はアクアジェット切断とほぼ同じです。こちらは金属板、ガラス、繊維強化プラスチック（FRP）、セラミックなどの新素材、建材の切断に利用されています。

たとえば厚さ二〇ミリメートルのガラスは二〇〇ミリメートル／分、厚さ一〇ミリメートルのステンレススチールは一〇〇ミリメートル／分、厚さ二〇〇ミリメートルのコンクリートも一〇〇ミリメートル／分、厚さ三〇ミリメートルの鉄板は五〇ミリメートル／分、厚さ五〇ミリメートルのチタン合金は五〇ミリメートル／分のスピードで切断してしまいます。

7-2　融かす水

雪かき無用

北国の冬には屋根や通路の雪下ろし・雪かきが欠かせません。これはたいへんな重労働で、しかも冬中繰り返されるのです。そこで道路などの雪かきをしないですませるシステムが、この十数年で急速に普及してきました。ここでも「水」が大活躍しています。

方法は大きく二つあります。散水して雪を積もらせない方法（次ページ図7-2）と、ロードヒーティングといって、路面を加熱して雪を融かす方法です。

散水融雪は、比較的気温の高い東北以南で採用されています。とくに水温の高い地下水が有効

図7－2　散水融雪

です。散水ノズルから水を撒くのが一般的ですが、穴あきパイプから散水する簡単な方法もあります。

ロードヒーティングの熱源には、電気を使う場合と温水を使う場合があります。電気は電熱線を埋め込み、温水はパイプを埋めてその中に温水を通すものです。

温水の熱源として、地下水の熱をヒートポンプで熱交換して約四〇度Cのお湯をつくり、これを循環させる方式も開発されました。熱交換によって冷たくなった地下水は地下に戻されます。散水方式と違って、地下水が枯れたり汚染される心配がないので、将来的に期待される方法です。

融雪に必要な水量と熱量

どの程度の散水量にするかは、降雪量、散水水温、外気温などで著しく異なります。たとえば気温零下五度C、一日降雪量一七センチメートル、散水温度一〇度Cの場合、一平方メートルあたり毎分〇・四三リットル（一時間あたり二六リットル）くらいになります。

ロードヒーティングの加熱量も、条件によって相当に異なります。たとえば平均気温零下五度Cでは、一平方メートルあたり二〇〇ワット（家庭の電気こたつの半分くらい）ですが、零下六度Cになると、その二〇〜三〇パーセント増しになります。

ロードヒーティングでは、省エネのため、積雪センサーをつけておき、雪が降り出すと加熱するようになっています。

ちなみに、融雪システムの運転および維持管理費は、当然のことながら、規模や使用状況によって大きく変わります。一般的には、融雪面積一〇〇〇平方メートル程度では、地下水散水方式で年間二〇万〜三〇万円、温水パイプ方式でその約一〇倍、電熱方式で約二〇倍になります。

建設費も規模によって大きく違いますが、同じく一〇〇〇平方メートル程度とすると、地下水散水（井戸掘りも含めて）に対して、温水パイプ・電熱方式では二〜三倍かかります。

7―3 溶かす水

溶けるもの・溶けないもの

ある物質が水に溶けるか溶けないかは、その物質と水分子との間に、水素結合ができるかできないかによって決まります。水素結合ができやすいことを「親和性がある」といいます。

水分子（H_2O）は酸素側にマイナス、水素側にプラスの電荷をもっています。そこで水素側のプラスの電荷と結合しやすい分子をもつ物質は、がっちりと手をつなぐため、溶け込んでしまうのです。

砂糖、食塩、アルコールなどは親和性があってよく溶けます。それに対して油は、親和性がなく、水に溶けません。

水に溶けた物質を水から取り出すためには、水を蒸発させ、その残りカスから回収する方法があります。海水を火や天日で熱して蒸発させて食塩を作ることは昔から行われていました。沖縄には、空気中に海水を霧状に噴霧して水分を蒸発させ、食塩を精製する方法を開発した会社があります。海水中のミネラル分を含んだ食塩として好評だそうです。

水でない水

有毒なダイオキシンやポリ塩化ビフェニル（ＰＣＢ）などを、水を使って分解する方法が研究開発されています。それらを無毒化する過程で、別の有害物質が発生しないようにしなければなりません。そこで活躍するのが超臨界水です。

水は一〇〇度Ｃで気化して水蒸気になります。ところがそれは一気圧の条件下のことで、圧力が高くなると、気化温度は高くなります。そして二二〇気圧、三七四度Ｃという特殊な条件（超臨界）に閉じ込めると、液体（水）でも気体（水蒸気）でもない「超臨界水」になります。

超臨界水にはガスや有機物が均一に混ざるため、化学反応が促進され、水自身が触媒となって、物質を分子レベルで分解できるようになります。この性質を利用して、ダイオキシンやＰＣＢなどの有害な有機物を分解することができます（図７―３）。しかも、有機物の骨格構造まで分解してしまうので、分解過程での再合成の危険がありません。

すでに実験プラントでは、焼却炉から出る灰や排気ガス中のダイオキシンを、処理に伴う汚染物質を発生させることなく分解することに成功しています。この処理プロセスでは、熱回収による省エネルギーも期待されています。

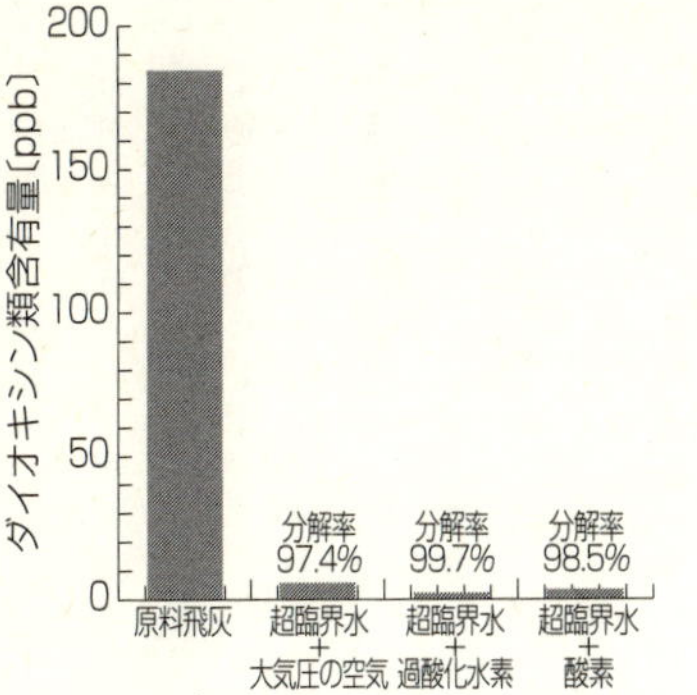
ダイオキシン類含有量〔ppb〕
200
150
100
50
0
分解率 97.4%
分解率 99.7%
分解率 98.5%
原料飛灰
超臨界水 ＋ 大気圧の空気
超臨界水 ＋ 過酸化水素
超臨界水 ＋ 酸素

（反応温度400℃、反応圧力300気圧、反応時間30分）

図７－３　超臨界水のダイオキシン類分解能力

産業技術総合研究所による

「溶かしていない」水

私たちが普段使っている水道水やミネラルウォーターには、微量の無機物、有機物などすなわち不純物が含まれています。もちろん健康上は何の問題もありません。

それらの不純物をできるだけ取り除いた水は「純水」と呼ばれます。純度は目的によってさまざまな段階があり、精製水ともいいます。

純水は製薬などで使われていますが、意外なところでは、ボイラーや原子力発電炉の水にも用いられます。ボイラーで蒸気を造るとき、不純物の多い水ではカス（スケール）が配管を詰まらせてしまうからです。

超純水の造り方

半導体など、一マイクロメートル（一ミリメートルの一〇〇〇分の一）以下の精度を必要とする電子部品製造工場では、部品の洗浄に、純水よりもさらに不純物が少ない「超純水」が大量に利用されています。

水道水には不純物が一リットルあたり約一〇〇ミリグラム含まれていますが、超純水はその一万分の一の一マイクログラムの純度が要求されています。

そんな純粋な水はどのように製造するのでしょう。超純水の製造システムは、不純物を除去するためのいろいろな装置が複数組み合わされた構成になっています。

まず凝集剤を加えて水中の埃や微生物を分離した後、活性炭に通し、さらに、非常に目の細かい膜（精密濾過膜、限外濾過膜）で漉し取ります。ただし塩分は除去できません。家庭用の浄水器の多くに、この膜を糸状にしたもの（中空糸膜）が使われて、細菌や鉄錆を取り除いています。

活性炭は、家庭用浄水器ではおもに悪臭除去に使われていますが、悪臭成分だけではなく、ほとんどの有機物を吸着します。

水に溶けている塩などの無機物は、陽あるいは陰イオンとして存在します。そこで、イオン交換樹脂を詰めた容器（イオン交換塔）に水を通すと、陽イオンは陽イオン交換樹脂に、陰イオンは陰イオン交換樹脂に吸着されて水から除かれます。

さらに限外濾過膜よりも目の細かい膜（逆浸透膜）で、微粒子も溶解物もほとんど完全に分離できます。この膜に水を通すには強い圧力（八気圧）が必要です。飲み水が少ない中近東の海辺で、海水から淡水を造るのに使われています。

こうした装置に繰り返し通すことによって、混じりけの少ない超純水を造ります。

7-4　熱を運ぶ・蓄える・奪う水

熱を運ぶ水

ビルでは、水がトイレや厨房で使われる以外に、冷房暖房の熱を運ぶのに使われています。水は熱をたくさん蓄えられるので、熱を運ぶのに適しているのです。

ボイラーで温められたり、冷凍機で冷やされた水は、配管でビル内各所に配られ、暖冷房機で部屋の空気と熱交換されて快適な室温を保っています。冷却水は、冷房だけでなく、ホテルの厨房の大型冷蔵庫、冷凍庫の冷却水としても利用されています。

ビル内の熱（照明、ＯＡ機器、人間が発する）を吸収した冷却水は温かくなります。その熱は大気に放出する必要があります。大気への熱の放出には冷却塔が使われています。

冷却塔では上から冷却水をスプレーし、下から外気を流し込みます。すると水の一部が蒸発し、その蒸発潜熱によって冷却水の水温が下がるのです。夏、打ち水するとその蒸発によって涼しくなるのと同じ原理です。冷却水の水温は、夏は三二〜三七度Ｃです。

「ビルから湯気」の正体

最近のビルは気密性、断熱性が高くなるとともに、ＯＡ機器などで発熱量が増えています。そこで冬も冷房を入れることが多くなりました。

冬には、冷却水の温度は夏より下がりますが、それでも外気温より高くなっています。つまり冷却塔で蒸発する水蒸気の温度が外気温より高いため、白い湯気が上がるのです。最近は、湯気が上がるのを防ぐため、水蒸気の温度を下げてから大気に放出するようにした冷却塔もあります。

夏、青空なのにビルの周辺で水滴が落ちてきたことがあるでしょう。多くの場合、それは冷却塔から飛び散った水です。この水の中にレジオネラ菌が含まれていて、それがもとで熱病が集団発生したのがレジオネラ症発見のきっかけでした（112ページ参照）。そういうビルの下にはあまり長居しないことです。

熱を蓄える水

需要が少ない夜間は、電力料金も安くなります。その間に冷凍機を運転し、地下の断熱した大きな水槽（蓄熱水槽）に冷たい水（冷水）を貯めておきます。日中、冷房の要求が大きくなったとき、この蓄熱槽の冷水と、冷凍機で作った水を組み合わせて快適な室内環境を作ります。こうすると、昼間の電力使用量を減らすことができ、省エネにもつながります。

氷を使う氷蓄熱方式も開発され、多くのビルで採用されています。氷は水よりもさらに効率よく冷熱を蓄えることができます。

水は、このように見えない形で、冷暖房に深くかかわっているのです。

火を消す水

火事は最初の数分間が勝負です。初期消火できるかどうかが、ボヤですむか本格的な火事になるかの分かれ目です。

スプリンクラーは、初期消火に極めて有効です。火災が発生して室内がある温度以上になると、自動的にスプリンクラーヘッドが開いて放水を始めます。最近では、屋内消火栓に代わってスプリンクラー設備を設けるようになってきています。

なお、消火設備のポンプは、スプリンクラーも含めて、火が消えても自動的には止まりません。

図7－4　放水による消火活動

©共同通信

必ずポンプにある制御盤のスイッチを、手で切らなければならないようになっています。スプリンクラーの誤作動などで水浸しにならないよう、普段から訓練しておいてください。

水で消せない火事は？

普通の火事は、水をかけることで燃焼温度以下に下げて消すことができます（図7－4）。しかし化学火災や油火災、電気火災では、水をかけても消しにくいどころか、場合によっては「火に油を注ぐ」ことにもなりかねません。

油火災や電気火災も、大量の水を霧状に噴射する水噴霧消火設備なら消すことができます。これは燃焼温度以下に下げる他、水で被膜を作って酸素の供給も断って消火します。しかし、消火後に大量の排水が生じるなどの理由で、現在わが国ではほとんど設置されていません。

代わりにわが国では、自動車車庫などには泡消火設備が、電気室などには不燃性ガス消火設備が使われています。

泡消火は、泡で燃えている物をおおって酸素の供給を断つとともに、冷却して消火します。不燃性ガス消火も酸素濃度を低くして消火します。不燃性ガスは、放出箇所に人がいないことを確認してから放出しないと危険です。

ただし不燃性ガス消火装置では、人命事故が多いことから、炭酸ガスを使う消火装置は無人施設を除いて新設は禁止されています。またハロゲン化物消火装置のうちハロンを使用するものは、オゾン層破壊につながるとして、新設は原則的に禁じられています。

薬品を扱う工場などでは、おもに粉末消火設備を用いて可燃物を窒息・冷却して消火します。

一人で消火できる

ビルなどには屋内消火栓が設けられています。かつてこの消火栓は一号消火栓といい、できるだけ着実に消火できるようにと、水量が多く、水の勢いも強いものでした。ところが、そのためにかえってホースが扱いにくく、一人で消火することがむずかしかったのです。

そこで登場したのが二号消火栓です。水圧は若干高いのですが、水量は大幅に減らしてあります。これで、ポンプの起動も含めて一人でも簡単に扱えるようになりました。
病院や福祉施設などには、おもに二号消火栓が設けられています。

第8章

地球の水

8-1　水の三変化

地球環境と水

地球上の水は約一三億九〇〇〇万立方キロメートルと見積もられています。その九七・五パーセントは海水で、地球表面のほぼ三分の二をおおっています。通常、海水と水蒸気を除く雪氷、地下水、土壌水、湖沼水、河川水などを陸水と呼んでおり、その量は全体の約二・五パーセントになります。陸水の大部分は両極地方の氷河や地下水として存在し、河川や湖などの淡水はごくわずかです。また大気中の水蒸気としての水は、〇・〇〇一パーセントです（図8-1）。

普通の状態では水は液体ですが、零度Cで固体（氷）に、一〇〇度Cで気体（水蒸気）になります。水は液体、固体、気体と華麗にその姿を変えながら、地球環境をコントロールし、太陽からの熱を蓄えるという大きな役割を担っています（図8-2）。

気体になるときには、気化熱として一キログラムあたり五三九キロカロリー（二二五六キロジュール）の熱を奪います。体温を調整している汗は水です。夏には、涼を求めて打ち水をします。

固体になるときは、凝固潜熱として一キログラムあたり八〇キロカロリー（三三五キロジュール）の熱を「閉じ込め」ます。これは氷が水に戻るとき、それだけの熱量を吸収することを意味します。雪の降った翌日が快晴だと、雪が解けるために熱が奪われて周辺の気温が下がり、雪が

	水量 (×10³km³)	比率 (%)	輸送量 (×10³km³／年)	平均滞留時間
海水	1349929	97.5	418	3,200年
雪氷	24230	1.75	2.5	9,600年
地下水	10100	0.73	12	830年
土壌水	25	0.0018	76	0.3年
湖沼水	219	0.016	−	数年〜数百年
河川水	1.2	0.0001	35	13日
水蒸気	13	0.001	483	10日
総計	1384517.2	100		

図8-1　地球の水の分布量と滞留時間

『地球環境ハンドブック』（朝倉書店）による

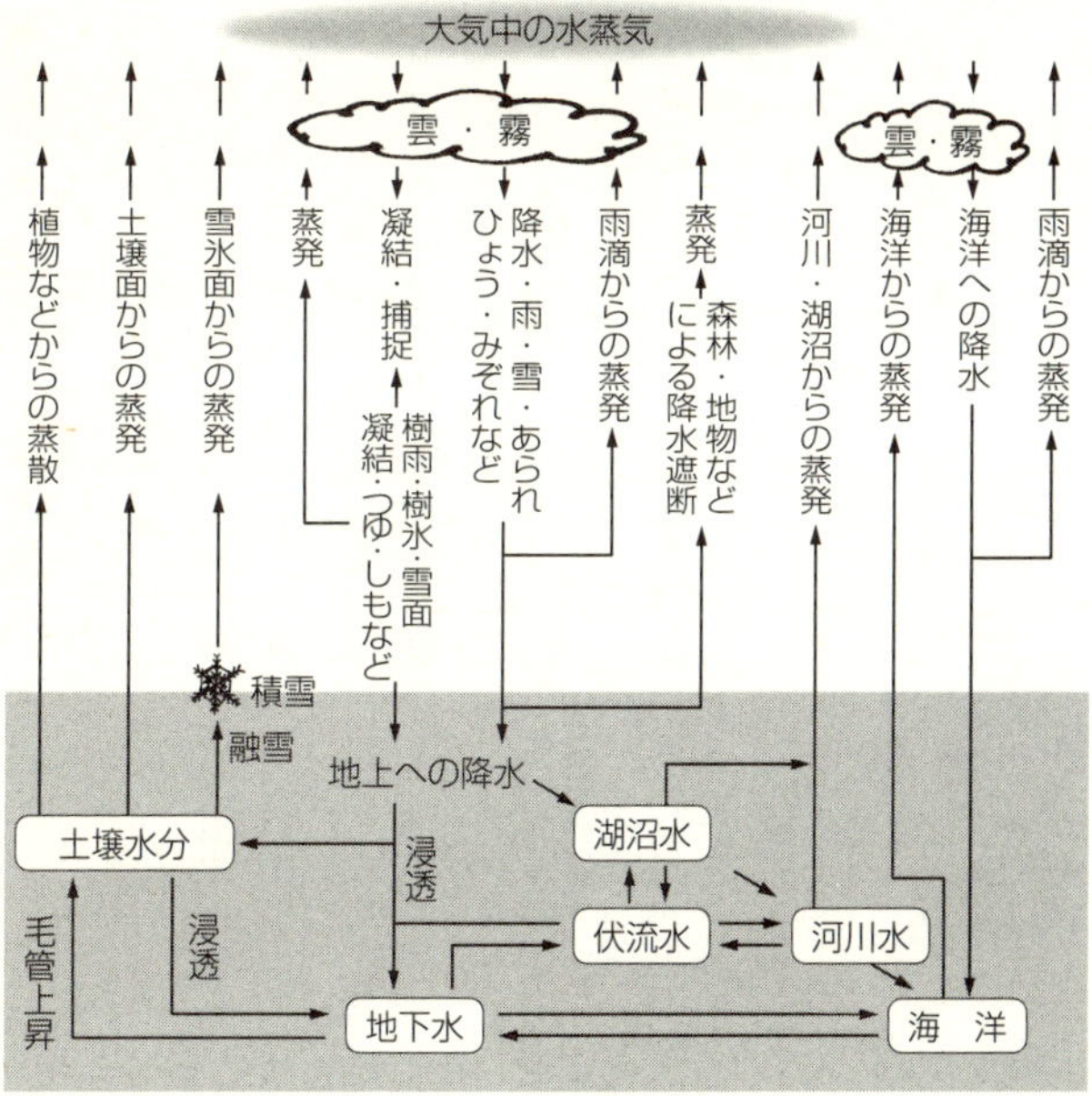
大気中の水蒸気
雲・霧
雲・霧
植物などからの蒸散
土壌面からの蒸発
雪氷面からの蒸発
蒸発
凝結・捕捉
樹雨・樹氷・雪面凝結・つゆ・しもなど
降水・雨・雪・あられ
ひょう・みぞれなど
雨滴からの蒸発
蒸発
森林・地物などによる降水遮断
河川・湖沼からの蒸発
海洋からの蒸発
海洋への降水
雨滴からの蒸発
積雪
融雪
地上への降水
土壌水分
浸透
浸透
毛管上昇
湖沼水
伏流水
河川水
地下水
海洋

図8-2　地球の水循環

『用廃水便覧』（丸善）による

降っていたときよりも寒く感じることがあるのは、このためです。

気候と水

水のこうした性質は、地球の気候に大きな影響を与えています。地表面や海水面からは、常に水が蒸発していますが、それにより水温、地温が異常に上昇するのを防いでいます。また、気温が下がると水が氷になりますが、このとき熱を氷の中に閉じ込めることで、気温が下がりすぎるのを防いでいるのです。さらに、氷の比重は〇・九程度で水に浮きます。こうして湖面や海面をおおった氷が断熱材になり、深くまで凍結するのを防いでいます。

局地的に水が少ない砂漠では、水のこうした効果がないため、昼間と夜の寒暖の差が激しくなってしまいます。また、氷は隙間のある結晶なので、体積が水のときより一〇パーセント程度膨張します。このため、岩石の割れ目に入った水が凍ることにより、岩石を破壊して土壌を作ります。砂漠の砂もこのようにしてできたのです。

氷の利用

私たち人類は、水の三変化を生活や産業に積極的に利用してきました。たとえば水蒸気は、大がかりな蒸気機関はもとより、蒸し料理に使われたり、蒸気暖房などに広く使われています。

近年、積極的に使われるようになったのは氷でしょう。氷は、凍結で配管が破損したり、コンクリートなども、隙間に入った水が凍結するとひび割れが大きくなってしまうなど、どちらかというと嫌われ者でした。

しかし最近では、安い夜間電力を使って氷を造り、昼間、その氷が溶けるとき熱を奪う性質を利用して、冷房するシステムなどが開発されています。

また氷は、古くから食品保存に使われてきました。かつては、冬にできた天然氷を氷室に貯蔵して使っていました。日本でも明治中期以降は人工的に氷が造られるようになりましたが、現在も、雪国では冬の雪を貯蔵して、それを食品保存、冷却に利用しているところがあります。

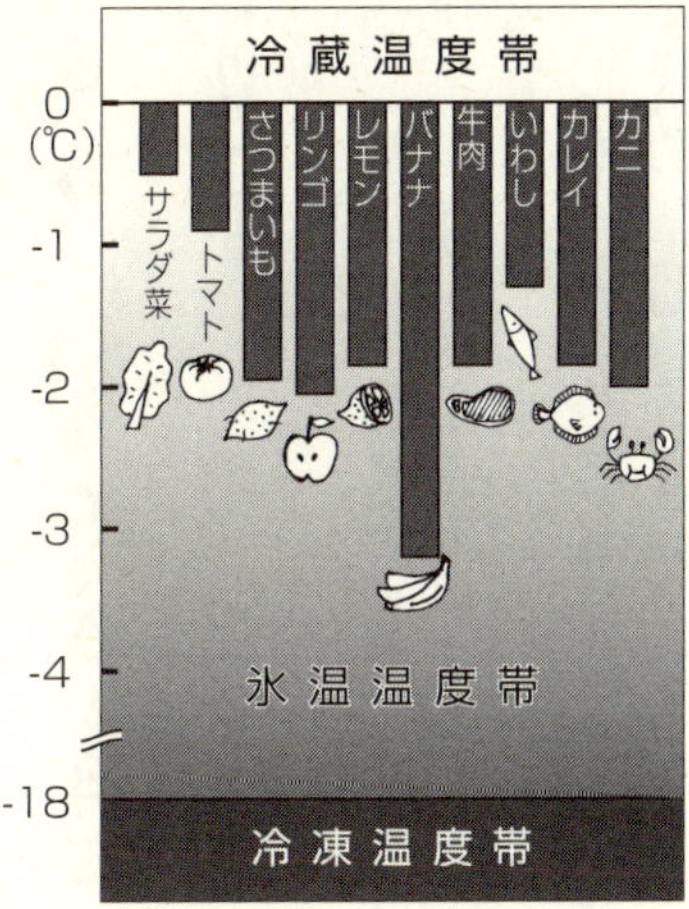
冷蔵温度帯
0
(℃)
-1
-2
-3
-4
-18
サラダ菜
トマト
さつまいも
リンゴ
レモン
バナナ
牛肉
いわし
カレイ
カニ
氷温温度帯
冷凍温度帯

図8－3　氷温貯蔵の適温

冷凍技術が発達すると、いろいろな食品が冷凍保存されるようになり、時間的、空間的により広い流通が可能になりました。しかし急速に凍結すると、細胞中の水が凍るときに細胞を破壊してしまい、味が損なわれるという欠点があります。そこで、細胞の破壊を防ぎ品質を保つ「氷温貯蔵」が開発されました。

これは、細胞が凍結する直前の温度で食品を保存する方法です。その最適な温度は食品によって決まっています（図8－3）。

8-2 雨水とその利用法

雨量とは?

雨量は「〇ミリメートル」と表されます。これは、これだけの深さに溜まる量の雨をいいます。実際の観測では、土ぼこりが入らないように地上一メートル以上の高さに設置した、開口部の直径が二〇センチメートルの雨量計が使われています。雨量計の開口部の形や大きさは、国によって異なります。

海上も含めた全地球表面の一年間の平均降水量は約一〇〇〇ミリメートルです。日本の平均降水量は約一七〇〇ミリメートルで、世界の平均を大きく上回っています(図8-4)。

しかし人口一人あたりの年降水量でみると、世界平均の五分の一にすぎません。すなわち、一人あたりが利用できる水資源の量は決して多くはないのです。これまでは下水道に捨ててきた雨水も貴重な水資源と考えて、有効に利用していくことが必要でしょう。

雨水は飲める?

わが国でも、水に恵まれず、泉や井戸、水道設備も不足している地域では、雨水を貯めて浄化処理し、飲料水としてきました。離島では昔から、水不足を補うため雨水(天水)を利用してい

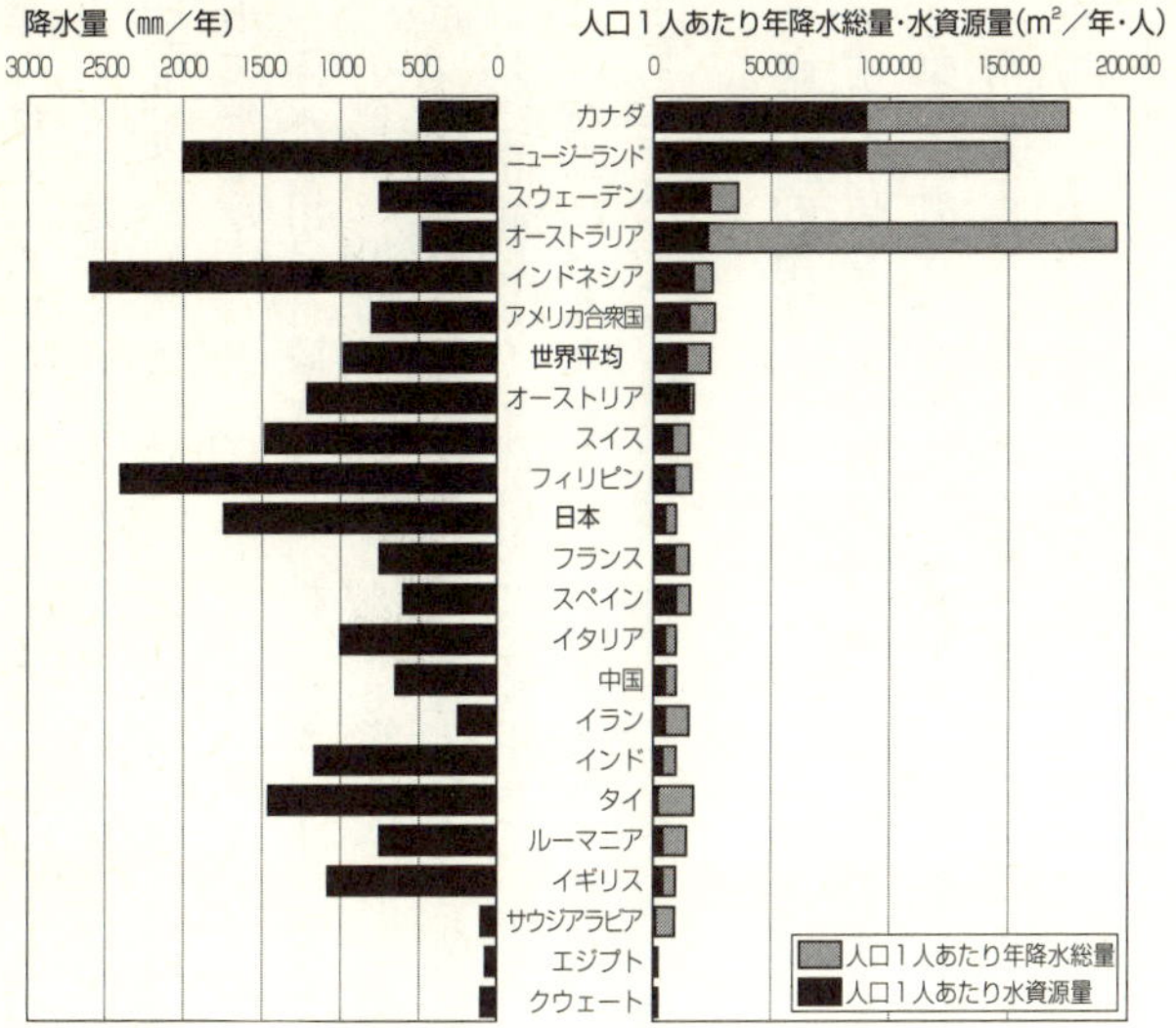

降水量（㎜／年）
人口１人あたり年降水総量・水資源量（m²／年・人）
3000 2500 2000 1500 1000 500 0
0 50000 100000 150000 200000
カナダ
ニュージーランド
スウェーデン
オーストラリア
インドネシア
アメリカ合衆国
世界平均
オーストリア
スイス
フィリピン
日本
フランス
スペイン
イタリア
中国
イラン
インド
タイ
ルーマニア
イギリス
サウジアラビア
エジプト
クウェート
人口１人あたり年降水総量
人口１人あたり水資源量

図８－４　世界の降水量

ました。近年では、都市でも水源の有効利用や緊急時の水源として、雨水利用が増えつつあります。

水は上水（水道水）、下水（生活排水）、中水（雨水や排水再利用水など）に分けられます。雨水も、浄化して上水の水質基準を満たせば飲むことはできます。しかし近年、都市部に降る雨は汚れがひどく、飲料水として利用することは容易ではありません。

雨水利用の普及度

水質をそれほど気にしなくてよいトイレの水や植木への散水、洗車などには雨水が利用できます。

雨水利用施設は昭和六〇（一九八五）年頃から増え始め、平成五（一九九三）

年には五二八施設を数えています。地域別では東京を含む関東臨海部が三九八ともっとも多く、次いで、過去に大渇水を経験している福岡県を含む北九州地域となっています。さらに平成一一（一九九九）年度には九三四施設に増え、利用水量は年間七〇〇万立方メートルになると推計されています。

雨水利用は行政庁舎、学校・会館・ホールなどの公共的建物が多く、自治体が率先して導入しています。民間の事務所ビルでも導入され、利用用途はトイレ洗浄がもっとも多く、その他、洗車、散水となっています。戸建住宅でも屋根に降った雨を雨樋で集水し、地上あるいは地下のタンクに貯留しトイレ洗浄などに利用しています。

ちなみに一九九六年から、雨水利用の普及啓蒙を行う市民団体『雨水利用を進める全国市民の会』（ＵＲＬ：http://www.rain-water.org）が活動しています。

雨水の利用法

雨水利用システムの一例を図8-5に示します。雨水利用の基本は、できるだけきれいな雨水を集め、処理を簡単にして費用をおさえることにあります。

雨水を集める場所は、雨水を汚す恐れが少ない屋根または屋上面とします。たとえば屋上を駐車場としているような場合は不適当です。

ルーフドレン（集水口）には、落ち葉や紙くずなどが流入するのを防ぐため、金網などを設け

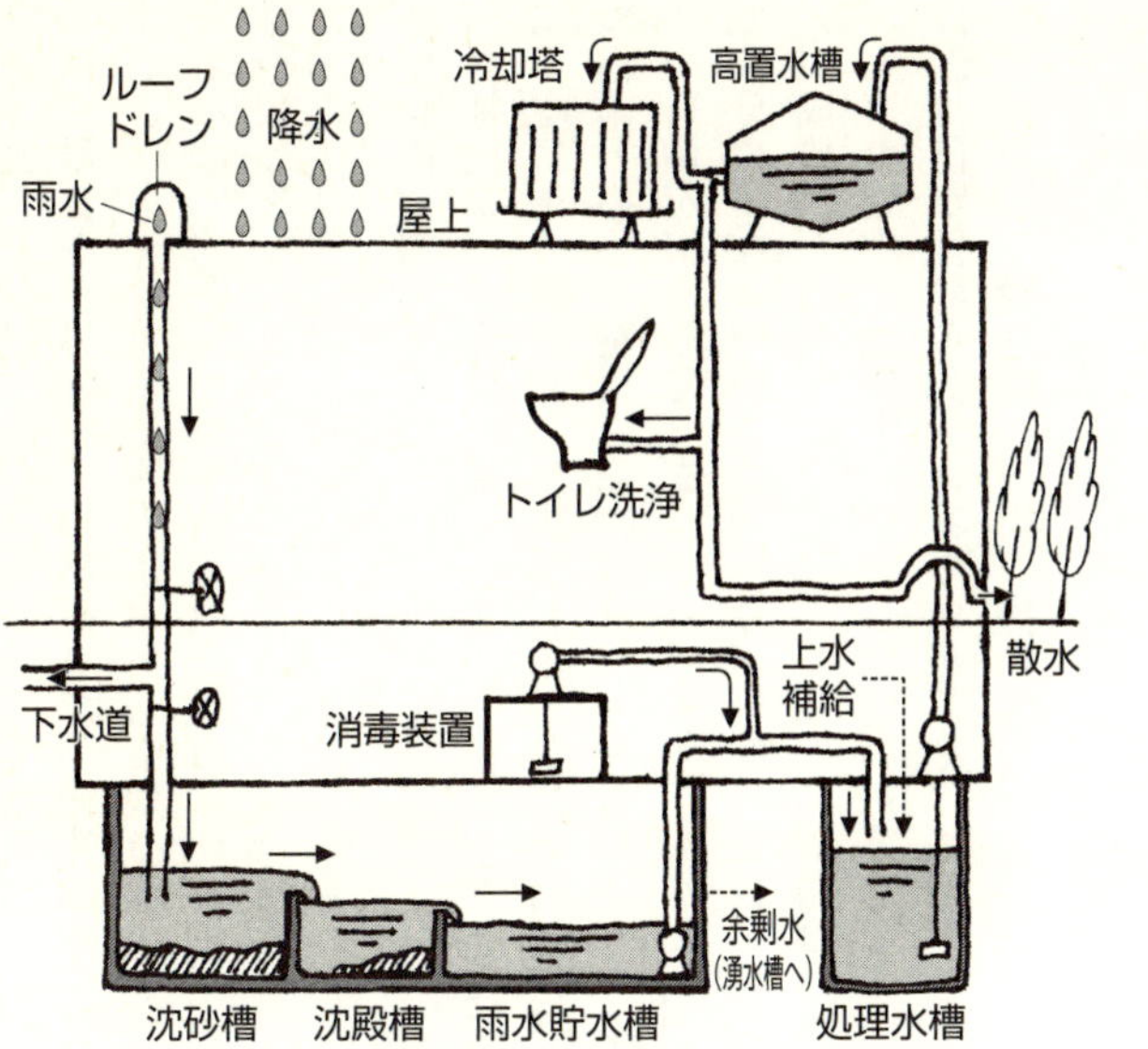
ルーフ
ドレン
降水
雨水
屋上
冷却塔
高置水槽
トイレ洗浄
散水
上水
補給
下水道
消毒装置
余剰水
（湧水槽へ）
沈砂槽
沈殿槽
雨水貯水槽
処理水槽

図8－5　標準的な雨水利用システム

ます。ここから処理設備までは立て配管で導きます。処理設備は通常のビルでは地下に設けます。

処理設備は簡単な沈砂、沈殿、濾過の処理方式で、その後、消毒装置を通ってビル内外の利用箇所まで配水されます。

東京ドームの雨水利用

屋根付き球場の東京ドームは、言わずと知れたプロ野球場ですが、大規模な雨水利用でも知られています。

ドームの大屋根の総面積は三万六〇〇〇平方メートル。その半分から雨水を集めています。一ミリの雨が降ると一八トンになります。

降り始め二〇分間の雨水は、そのま

ま下水道に排出されます。その後の雨は約二〇〇〇トン貯水できるタンクへ貯められます。タンクは三塁側から外野席、一塁側までの観客席の下に設けられています。タンク内の雨水のうちの一〇〇〇トンは、常に防火用水として残されています。

雨水は砂濾過した後、中水槽に貯められます。中水槽には、トイレや厨房の排水を浄化処理した中水も送られてきます。中水はトイレの洗浄水として使われています。

酸性雨対策

酸性雨は、おもに石油や石炭中の硫黄が燃えてできる硫黄酸化物と、ボイラーなどの高温燃焼系で空気中の窒素から生成される硝酸酸化物が溶け込んだ雨です（図8-6）。pH値五・六以下を酸性雨といい、金属を腐食させたり、コンクリートをボロボロにしてしまったり、大理石の建築物や彫像を溶かしてしまうなど、近年、大きな問題になってきています。酸性雨を防ぐためには硫黄分の少ない燃料を使ったり、煙突に脱硫・脱硝装置を設けることなどが必要です。

生成原因からわかるように、降り始めの雨は酸性度が高く、降り続けるうちに弱まります。

大半の施設では酸性雨に対し特別な対策をしていませんが、降り始めの雨水は汚れも多いため、排除装置が付けられている場合が多く、結果として酸性度の高い降り始めの雨は捨てられています。ただし、降り始めの雨の排除装置がない場合でも、その後の雨水も貯めていけば酸性度は下がります。

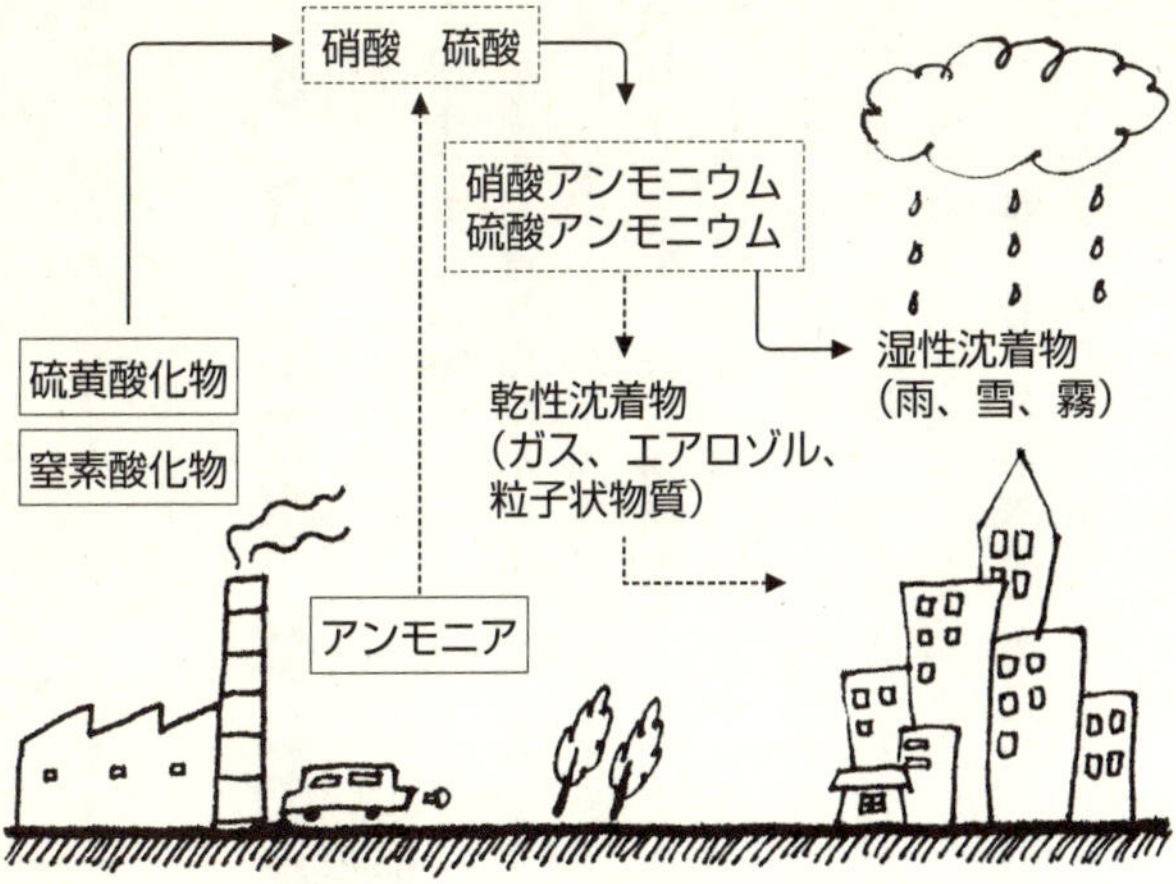
硝酸　硫酸
硝酸アンモニウム
硫酸アンモニウム
硫黄酸化物
窒素酸化物
乾性沈着物
（ガス、エアロゾル、
粒子状物質）
湿性沈着物
（雨、雪、霧）
アンモニア

図8－6　酸性雨の発生メカニズム

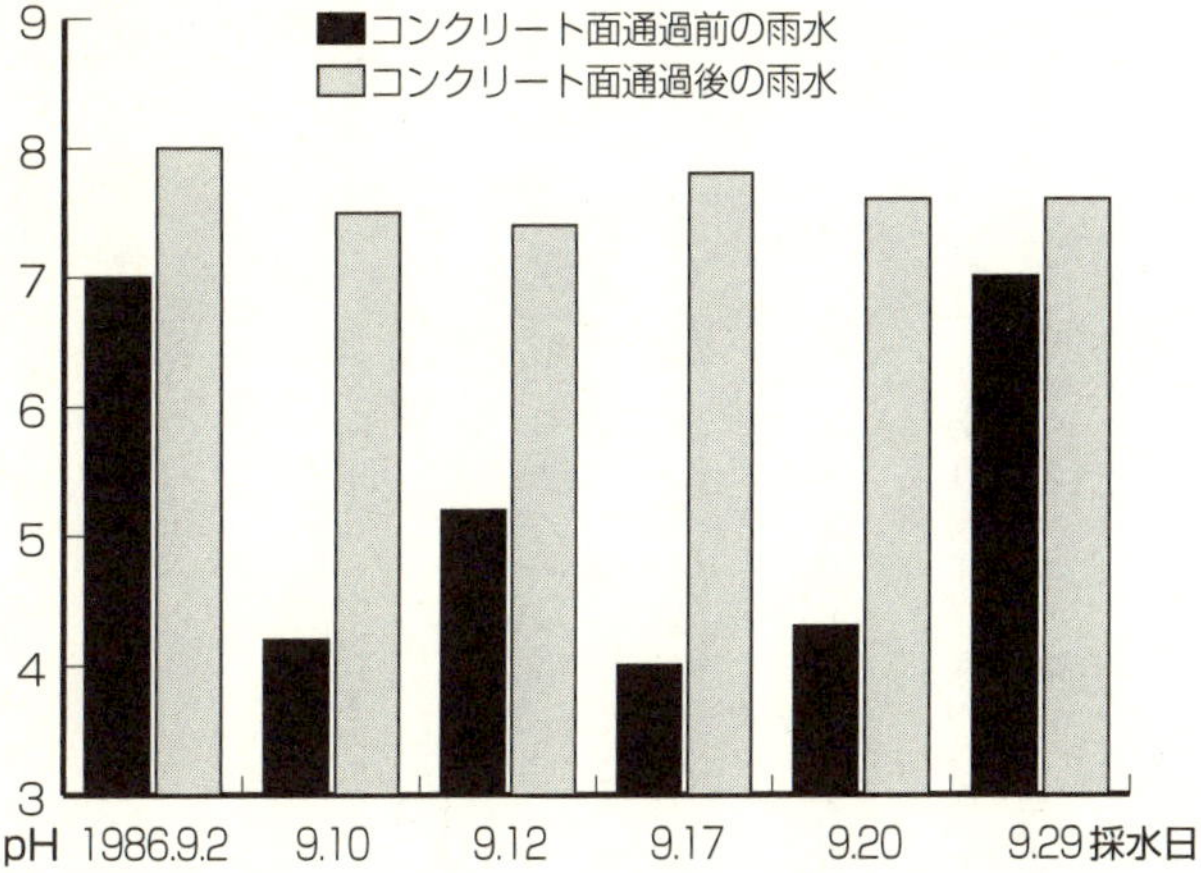
コンクリート面通過前の雨水
コンクリート面通過後の雨水
9
8
7
6
5
4
3
pH
1986.9.2
9.10
9.12
9.17
9.20
9.29
採水日

図8－7　コンクリート面通過前後の雨のpH値

また、コンクリートの屋上などで集めている場合は、雨水中の酸性成分とコンクリートのカルシウム化合物が反応し、雨水のpH値が上がり（酸性度が低く）なります（前ページ図8−7）。

8−3 川の水・ダムの水

日本の河川の特徴

水源から流れ出た水が海に流れ込むまでの時間は、もちろん河川の長さや勾配によって大きく変化しますが、わが国の河川では平均一三日といわれています。図8−8は、日本と世界の河川の長さと勾配（縦断面曲線）を示します。日本の河川は、急勾配で短いことから、降水量の三分の一がそのまま海に流れ出てしまいます。

この、急勾配で短いという地形的な要因と、台風期や梅雨期に降水量が多いという気象的な条件によって、わが国では水害がたびたび起きています。

河川の水量が安定しているかどうかを表すものに「河況係数」があります。河川水量の「年最小値」に対する「年最大値」の比で、河況係数が大きいほど水量が安定せず、渇水を起こしやすいと同時に洪水の危険も高くなります。

日本の河川の河況係数は、ヨーロッパのおもな河川に比べて非常に大きな値です（図8−9）。

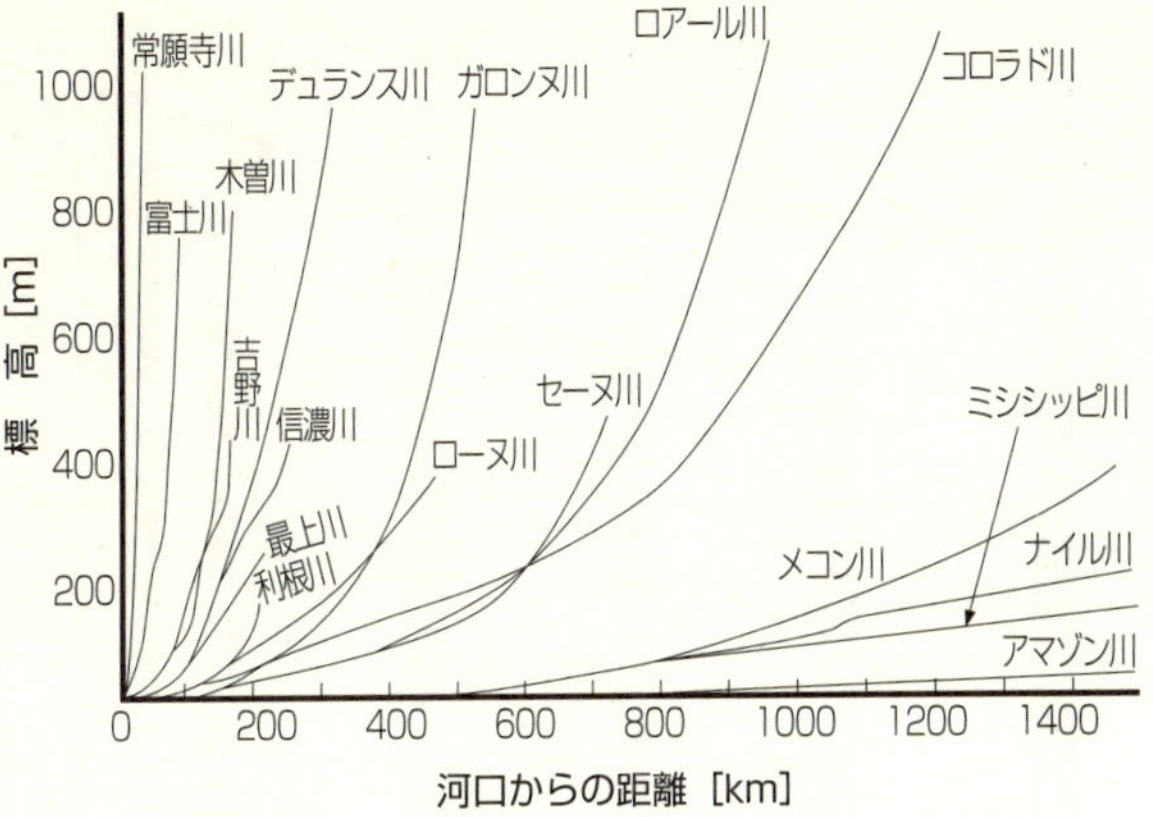
常願寺川
デュランス川
ガロンヌ川
ロアール川
コロラド川
木曽川
富士川
吉野川
信濃川
セーヌ川
ミシシッピ川
ローヌ川
最上川
利根川
メコン川
ナイル川
アマゾン川
標高 [m]
1000
800
600
400
200
0
200
400
600
800
1000
1200
1400
河口からの距離 [km]

図 8 - 8　河川の縦断面曲線

『河川工学』高橋裕（東京大学出版会）

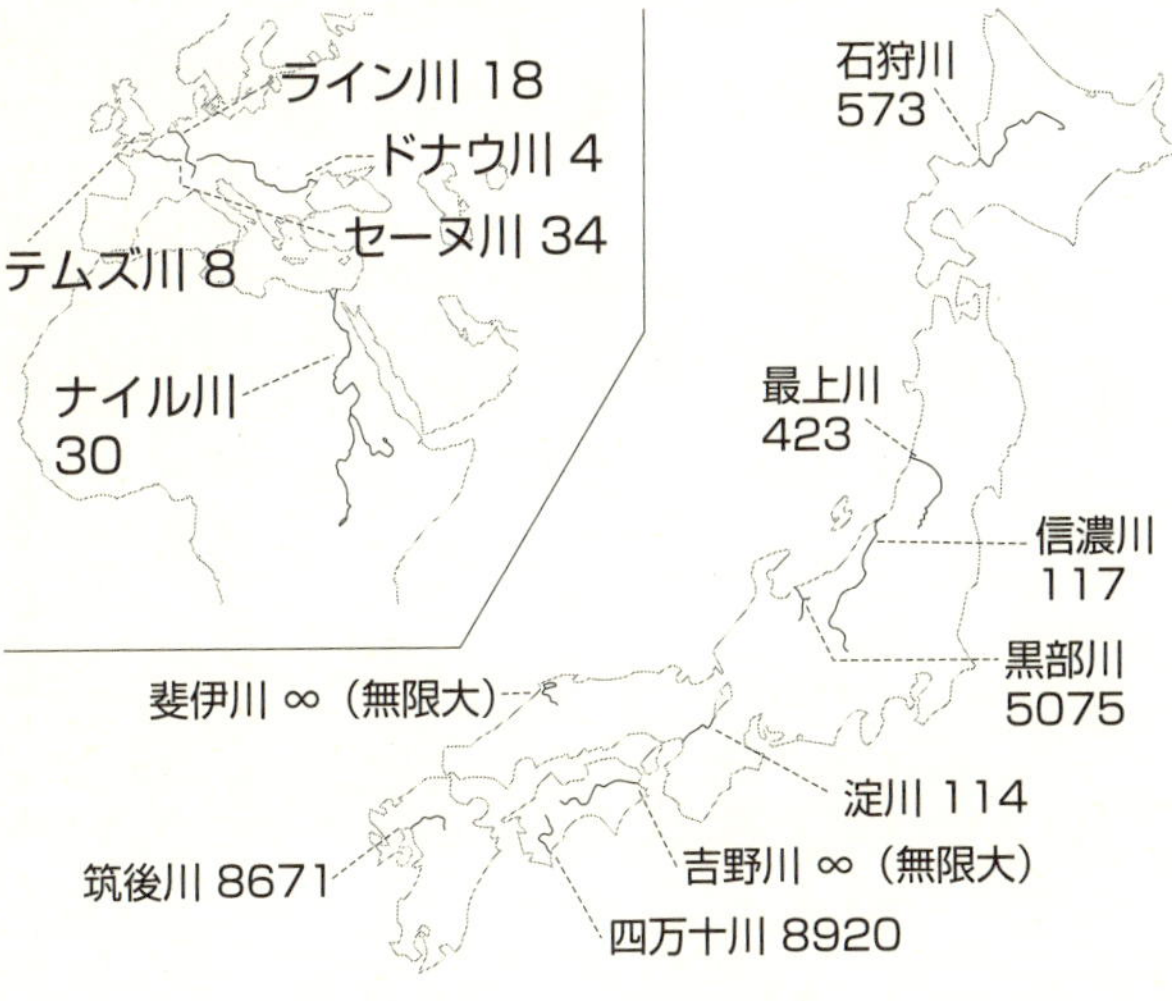
ライン川 18
ドナウ川 4
セーヌ川 34
テムズ川 8
ナイル川 30
石狩川 573
最上川 423
信濃川 117
黒部川 5075
斐伊川 ∞（無限大）
淀川 114
吉野川 ∞（無限大）
筑後川 8671
四万十川 8920

図 8 - 9　河況係数

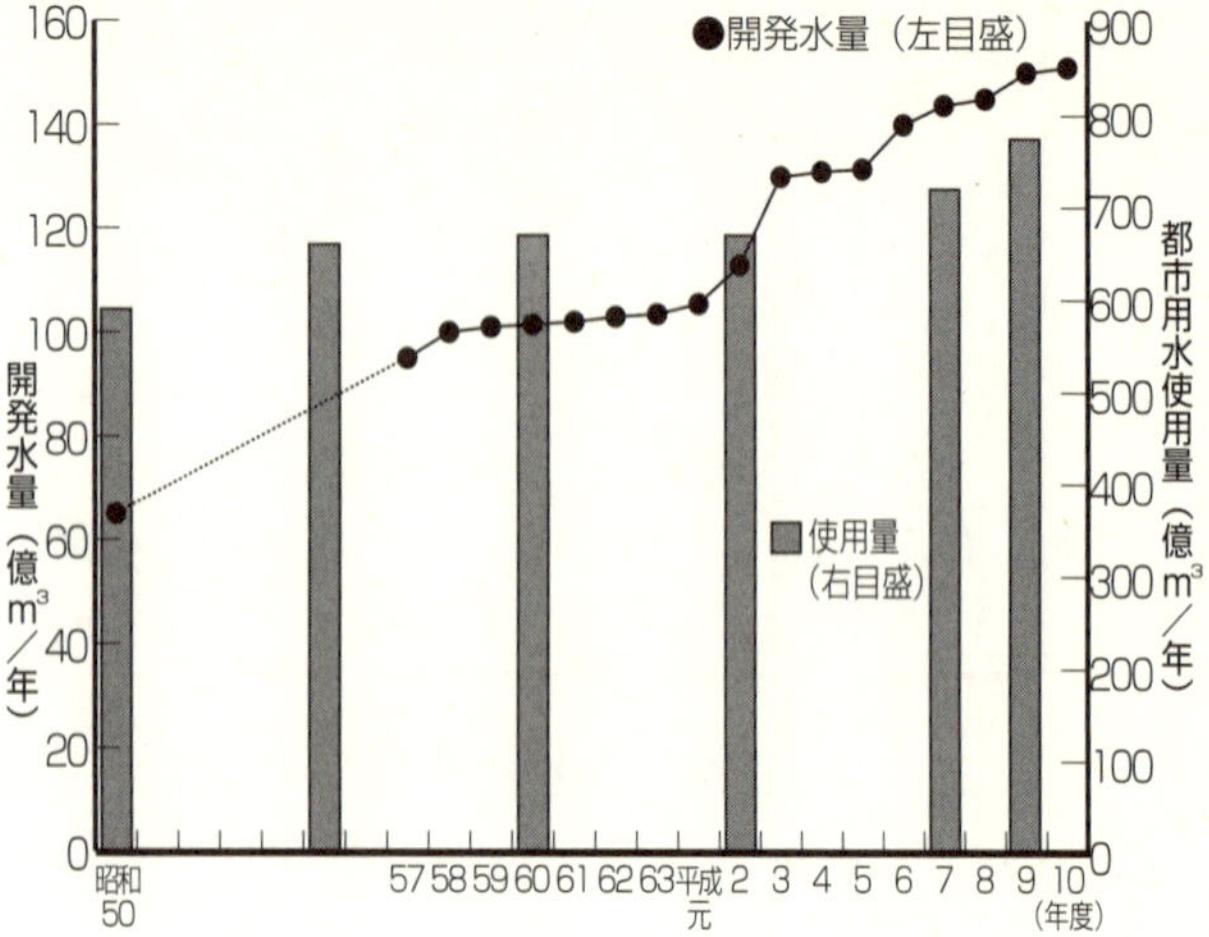
●開発水量（左目盛）
使用量（右目盛）
開発水量（億m³／年）
都市用水使用量（億m³／年）
0
20
40
60
80
100
120
140
160
0
100
200
300
400
500
600
700
800
900
昭和50
57
58
59
60
61
62
63
平成元
2
3
4
5
6
7
8
9
10
(年度)

図8-10　都市用水の使用量と開発量

つまり、年間を通して水量が安定しているヨーロッパの河川に対して、日本の河川は水量が激しく変化し、洪水を防ぐことと水を利用することの両立がむずかしいのが特徴になっています。このため、いかにして安定的に水を供給できるようにするかが、わが国では重要な課題となっているのです。

日本の水資源とダム

日本の水資源はその八〇～九〇パーセントを河川水に依存しています。水使用量の内訳をみると農業用水六六パーセント、生活用水一八・五パーセント、工業用水一五・五パーセントです（151ページ図5-12参照）。

生活用水と工業用水を合わせて「都市用水」といいます。都市用水の需要は昭和三〇（一九五五）～六〇（八五）年にかけて急速に増加しました。それを可能にしたのが治水・利水対策など、水を安定的に供給できるシステムの整備で、多くのダムを建設し、新たな水資源を開発してきました（図8−10）。

しかし近年、ダム建設は周辺の環境に与える影響が大きいことから、その必要性が見直され始めています。一九九三年にアメリカ開拓局総裁が「アメリカにおけるダム建設は終わった」と発言して大きな反響を呼びました。

わが国でも、平成九（一九九七）年、ダムの必要性、緊急性、コスト、地域の人々の意見などを総点検した上で、いくつかのダム建設が中止、凍結されました。今後の水資源開発はダム一辺倒ではなく、多種多様な手段を、各地域の特性に合わせて併用していくべきでしょう。

水資源の獲得には多くの費用がかかっており、使い捨てではなく、何回も利用することによって無駄をなくすことが大切です。水道水の再利用（雑用水利用）、雨水利用、下水処理水利用がその例です。

8−4　井戸水・湧水

井戸が掘れる条件

ひと口に井戸といっても、不透水層の上にあり、二〇〜三〇メートルより浅くて圧力がかからない地下水（不圧地下水、自由地下水ともいう）を利用する浅井戸と、それ以上深く、不透水層の下にあって圧力がかかった地下水（被圧地下水）を利用する深井戸とがあります。

深井戸は、安定して多量の水量が確保でき、水質も良いので、これまで水道原水や工場、ビルなどで使われてきました。しかし多量に汲み上げてしまった結果、その地域の地盤沈下を引き起こしました。そのため現在では、深井戸は厳しく規制されています。たとえば東京都では、吐出口径二五ミリメートル以内、設置計画書の提出、揚水量の報告を義務づけています。

また浅井戸は、近年、災害時の水源として見直され、認められることもあります。公共あるいはこれに準じた手押しポンプ井戸と、個人の電動ポンプ井戸も、新設計画書の提出ならびに雨水浸透桝（ます）を積極的に設置することを条件に、周辺の地下水環境を考慮し、揚水量の報告を義務づけて許可されます。

●井戸水はなぜおいしい？

おいしい水の条件は、水温と、溶け込んでいるミネラル分がかかわっています（第1章参照）。井戸水の水温は気温の影響を受けず、地温の影響を受けます。浅井戸の深さの地層は恒温層といわれ、一定の地温で、たとえば関東地方では一四〜一九度Cくらいです。恒温層よりも深くなると、地温は深さ三五メートルで一度C上昇します。

このため浅井戸の井戸水は、年間を通して水温がほとんど一定で、とくに夏に飲む井戸水は冷たく、たいへんおいしく感じられます。

井戸水は、地下をゆっくり流れている間にいろいろなミネラルが少しずつ溶け込んでくるし、また病原細菌や微量の汚染物質は、地中の微生物に分解されたり土壌による吸着作用で浄化されます。このため、一般的に、地下水は安全でおいしい水なのです。

しかし浅井戸は、地面の汚染の影響を受けやすく、たとえば井戸近くに屎尿浄化槽や排水管・排水槽あるいは家畜の糞尿がある場合には、病原細菌や原虫などの病原微生物に汚染されることがあります。こんな心配がある場合には、もよりの保健所に相談して、水質検査などをすることをおすすめします。

湧水はどこから湧いてくる？

山や丘陵のふもとで地下水が湧き出る場合を湧水といいます。わが国では全国いたるところに湧水があります。山間部で人口の少ないところの湧水は一般には清浄で、湧水量も豊富な場合が多く、簡易な処理をするだけで名水として市販されています。

「名水」として名の知られている水の中には、仙台の広瀬川や高知県の四万十（しまんと）川など、川そのものが名水となっているものもありますが、ほとんどが湧水です。たとえば透明度が四一・五メートルと世界一を誇っている岩手県竜泉洞地底湖の水も、もとは地下水です。

都市内でも「名水」は湧き出しています。東京都内の路地にさえ、名水百選には入らないものの、名水といえる湧水が結構あります。

しかし都市内の湧水には、生活排水などが混じる場合があり、雑菌や、めったにありませんが赤痢菌や原虫などで汚染されるおそれがあります。工場の近くでは有機化合物で汚染されている可能性もあります。そのため都市内の湧水をそのまま飲むことは避け、いったん沸騰させてから飲んだほうが安心です。

名水で湧水量が多いのは、富士山麓に位置する柿田川の湧水です。一日一〇〇万〜一一〇万トンが湧き出し、川縁にある浄水場で簡易な処理をして、三島や熱海に水道水として送っています。水を一人一日二五〇リットル消費するとすれば、約四〇〇万人分に相当します。

次は北海道の羊蹄山の「ふきだし湧水群」で一日五三万トン、富士山麓忍野八海の二三万トンと続きます。

水温が変わる湧水

徳島県鴨島町の吉野川沿いにある江川湧水は、環境庁の「名水百選」にも指定されている他、特異な水温変化で県の天然記念物にもなっています。この湧水では、夏の水温が一〇度Cなのに対し、冬の水温が二〇度Cにもなるのです。

湧水のある吉野川の両岸は地下の地盤構造が異なり、夏は剣山系の冷たい雪解け水が湧き出し、冬になると、夏の間に温められた砂礫を通った温かい水が湧き出すのです。五月には農業用水の

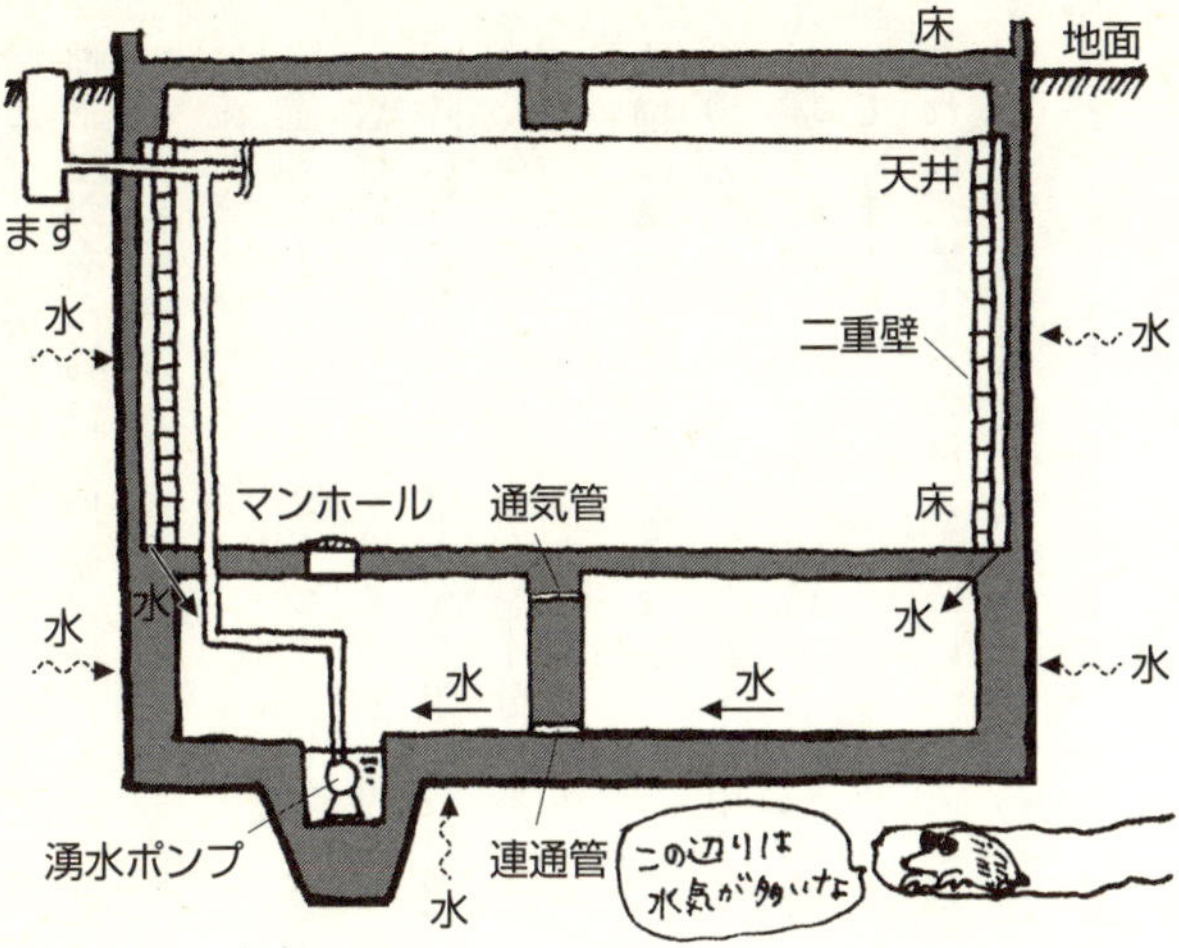
床
地面
ます
天井
水
水
二重壁
マンホール
通気管
床
水
水
水
水
水
水
湧水ポンプ
連通管
水
この辺りは
水気が多いな

図8-11　地下室の湧き水処理

取水が始まり、吉野川の水位が下がります。それにともなって湧水が減ったり止まったりしますが、これを境に地下水脈が切り替わると考えられています。

建物に湧き出す水

名水なら湧き水は大歓迎でしょうが、建物内に湧き出てくる地下水は困りものです。

湧水は地下室に湧き出すのですが、地下室に必ず湧水があるわけではありません。地下室のある建物の半分以上は、まったく湧水がありません。残りも大半が多少出る程度です。

ただし、中には建物の全使用水量を賄えるほどの湧水のあるところもあります。このような建物は、地中に溜まった雨水や地下水の水位の高い場所で、山や崖の下、または河川の近くに多く、建物を造る工事段階から多量に水が出ています。

地下室がある場合、地盤に接する床は二重にして（二重ピットといいます）、床に水が染み出すのを防いでいます。地下の壁からも水が染み出す場合は、やはり二重壁とし、湧水は二重ピットに流します。

二重ピットには排水ポンプを設けて、排水できるようにします（前ページ図8-11）。

一般住宅でも地下室を造ることが増えてきていますが、二重ピットを設けることはほとんどなく、防水性を高めたり排水溝を床に設けたりしている程度です。水が出るようなところでは湿気も高くなるので、換気などを十分するようにしなくてはなりません。

建物の湧水は勝手に使えない

建物（敷地）に湧き出した水を利用することができれば便利です。しかし東京都などでは、湧水は勝手に使えず、下水に流すように指導しています。そして下水に流す量に応じて下水料金を課しています。

これは、地下水の汲み上げについては地盤沈下などで規制されているのに、湧水の利用を許可すると、実質的に地下水の利用と変わらなくなるためです。ただし、一部の地方公共団体では、使用料をとって利用を許可しているところもあります。

8-5 自然の水を汚す犯人は？

地下水のハイテク汚染

最近は、半導体工場、ドライクリーニング店などで、製品の洗浄用にトリクロロエチレンなど有機溶剤が使われるようになり、それで地下水が汚染される場合があります。これらには発ガン性があり、汚染された地下水を飲料水にしていると、ガンや先天性異常、小児白血病など人体への悪影響が考えられます。水道水では、これらの汚染物質についての規制値を設けています。

有機溶剤に汚染された地下水は自然浄化されないので、飲用水とするには、曝気処理や活性炭吸着処理などで汚染物質を除去しなければなりません。しかしいったん地下水が汚染されると、その対策がむずかしく、水源からはずすケースまで生じています。

こうした問題を起こさないため、これらの工場では、有機溶剤などを貯留・使用する場合、「ダブルコンテイン」といって、万一、有機溶剤がタンクや配管などから漏れても、それを受ける容器や堤防を作っています。

日本の水の汚染度

河川や湖沼、海に自然の浄化能力を上まわる汚水が流れ込むと、水質が汚濁します。

わが国では一九五〇年代から七〇年にかけて、工場排水、事業所排水などの産業排水によって水質汚濁が起きました。そこで一九七〇年に水質汚濁防止法が制定され、規制がより強化されました。その結果、現在、健康に関する環境基準（カドミウム、水銀、クロムなど）は全国的にほぼ達成されています。

一方、生活環境の保護に関する環境基準のうち、とくに有機汚濁指標はまだ達成にはほど遠い状況です。有機汚濁指標は生物化学的酸素要求量（ＢＯＤ：126ページ参照）と化学的酸素要求量（ＣＯＤ）で表します。

化学的酸素要求量とは、有機物を酸化分解するのに必要な酸化剤の量を酸素量に換算した値です。調べる水に過マンガン酸カリウムを加え、沸騰させて三〇分間に汚濁物質を酸化分解するのに消費される過マンガン酸カリウムを、酸素量に換算します。ＢＯＤと同様に一リットルあたりの質量（ミリグラム）で表します。

有機汚濁指標の達成度は河川で八一・五パーセント、海域七四・五パーセント、湖沼はとくに悪く半分以下の四五・一パーセントにすぎません。湖沼だけでなく内湾、内海などの閉鎖された水域で達成率が低くなっています。中でも水が滞留しやすい一部の湖沼や湾では、農地の肥料や生活排水に含まれている窒素やリンなどの栄養塩が増加し、藻類の異常増殖や富栄養化の進行が問題になっています。

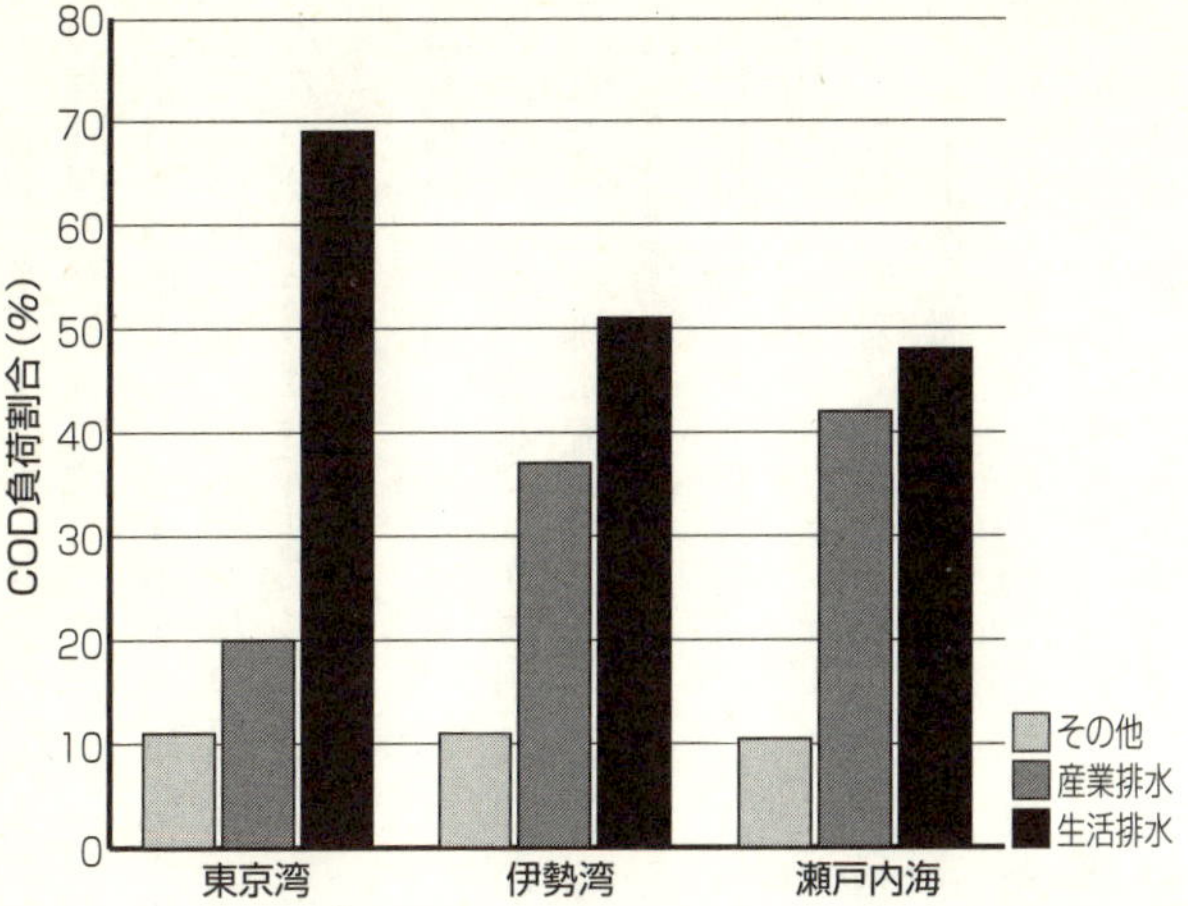

COD負荷割合（%）
80
70
60
50
40
30
20
10
0
東京湾
伊勢湾
瀬戸内海
その他
産業排水
生活排水

（平成11年度）

図8-12　COD総量規制対象3地域の発生源別汚濁負荷割合

『平成13年度環境白書』（環境省）

汚染の原因

こうした汚染のおもな原因は生活排水です（図8－12）。

生活排水は、トイレ、台所、洗濯、風呂などからの排水のことで、トイレの排水を汚水、それ以外を雑排水といいます（124ページ参照）。

生活排水は、本来、下水道処理施設や合併処理浄化槽などによって処理されるのですが、地域によっては施設整備が間に合わず、未処理のまま垂れ流されて、水質汚濁を進行させているのです。平成一一年度の下水道普及率は六〇パーセントですから、生活雑排水の約四〇パーセントが未処理のまま河川などに放流されているわけです。

私たちは、一人一日あたり約二〇〇リットルの生活排水を出しています。これに含まれる汚濁物質のＢＯＤ（生物化学的酸素要求量）は、雑排水で約三〇グラム、汚水で一三グラムの合計四三グラムです。

汚水は、原則として必ず処理されてから川や海に流されます。しかし雑排水は、下水道整備が十分でない地域では、処理されないまま川に流され、川の水が汚れる原因となっています。中でも汚れがひどいのは台所排水で、残飯や食用油などに由来する汚れです（126ページ参照）。

自然の浄化作用

生活排水などの汚れた水が河川に流れ込むと、流入地点の水質は悪化します。しかしある距離を流れた後は、排水流入前の河川水質近くまで改善されます。これは河川の自浄作用と呼ばれ、「三尺下れば水清し」という言葉はそれを表したものです。

自浄作用には、まず汚濁物質が希釈・拡散・沈殿など物理的な自浄作用があります。汚濁物質が河川水中に広がっていくことによって濃度が低くなりますが、汚濁物質の総量は変わりません。次に酸化・吸着・凝集などの化学的な自浄作用があります。

そして最後に微生物による分解があります。好気性微生物が水の中の酸素を利用して汚濁物質を分解し、栄養源として利用した後、二酸化炭素などに変えてしまいます。汚濁物質である有機物が安定した物質に変わっていくことで減っていく、真の自浄作用です。

自浄作用の対象となる汚濁物質は、有機物、窒素、リンなどの生物の栄養となる物質で、厳密に考えれば最終的にガスになる物質です。

自浄作用は、まず細菌が、水中の汚濁物質を酸化あるいは還元して単純な化合物に変化させます。その際に必要な酸素は、藻類が光合成によって放出します。同時に藻類は、単純な化合物を吸収します。大形植物は根を張る川底から種々の物質を摂取します。微小動物は有機物、細菌、藻類などを摂取し、単純な化合物に変化させます。そして大形動物は、固形有機物、動植物体を捕食してそれらの過度の繁殖を制御します。

水を守るために

しかし、この自浄作用を超える量の有機物が流れ込むと、分解するには酸素が足りず、好気性微生物は生きられなくなります。代わって嫌気性微生物が増え、硫化水素、メタンガス、アンモニアなどの悪臭を発するようになり、魚や貝類も死滅します。

そんなことが起きないようにするため、私たちにできることは、できるかぎり台所排水を汚さないよう工夫することです。台所、洗濯、風呂から出る排水をできるだけ汚さない工夫をした結果、ＢＯＤが二〇〜五〇パーセント、ＣＯＤが三二パーセントも削減できたという報告もあります。日常的な心がけだけで、これだけ水の汚染が防げるのです。

家庭での生活排水対策と並行して、生活排水処理施設の整備を進めていくことが重要な課題です。都市のような人口密集地域では下水道の普及が図られています。人口密度が低く住宅の散在している地域では下水道は効率的ではないので、合併処理浄化槽、農業集落排水処理施設、コミュニティプラントなどの普及が促進されています。

合併処理浄化槽は屎尿と生活雑排水を同時に処理する施設（136ページ参照）です。処理人口は五人以上で、設置および管理は個人が行うところが他の処理施設と異なります。

農業集落排水処理施設は、屎尿、生活雑排水、畜産排水、雨水などを処理する施設で、処理人口はおおむね一〇〇〇人以下。市町村、土地改良区などが事業主体となります。

コミュニティプラントは、一定地域の屎尿や生活雑排水を処理する施設で、処理人口一〇一～三〇〇〇〇人が対象で、市町村が管理します。

8-6　二一世紀の水

宇宙ステーションの水

今世紀中に宇宙旅行は当たり前のことになっているでしょう。宇宙飛行では、何ヵ月にもわたって地球を離れ、宇宙ステーションや月や他の惑星に滞在することになります。この間の水をどのように確保するかは重要な問題です。

初期の宇宙滞在では、水は原則として地上から持っていきました。人が生きていくのに必要な水は、飲用と食料に含まれる分とで、一人一日で二・五リットル程度です。それをすべて持っていくのは、スペースや重量の点で効率的ではありません。

そこでスペースシャトルなどでは、燃料電池から出る水を集めたり、屎尿も含めた船内の排水を高度処理して再使用しています。高度処理には、超純水を製造する逆浸透膜などが使われています。ただし飲用水は、心理的なストレスを考えて、できるかぎり運ぶことになっています。

月や火星での水

将来は月や火星にも人類が滞在するかもしれません。そんな遠くの基地に、地球から水を補給には行けません。そこで月や火星の地下から水を採取する研究が進んでいます。

地球以外の天体にも、水があることが確認されています。遠い昔、高温の惑星の温度がゆっくりと下がるにつれて、凝結温度の高い金属や鉱物から順に固まっていきました。やがて温度が約三二七度Cにまで下がったところから、水がそれらの鉱物の中に取り込まれるようになりました。その量は凝結物質の最大〇・三パーセントにもなりました。

地球では、鉱物に取り込まれた水は、その後、ゆっくりと地表面に集まり、海や大気の成分となりました。地球のすぐ外側を回る火星も同じような進化をしたと考えられています。地球と違ってかなりの量の水を宇宙空間に放散してしまいましたが、現在でも十分な量の水が大気中や極地方に残っています。また地下にも凍土の形で蓄えられていると考えられています。

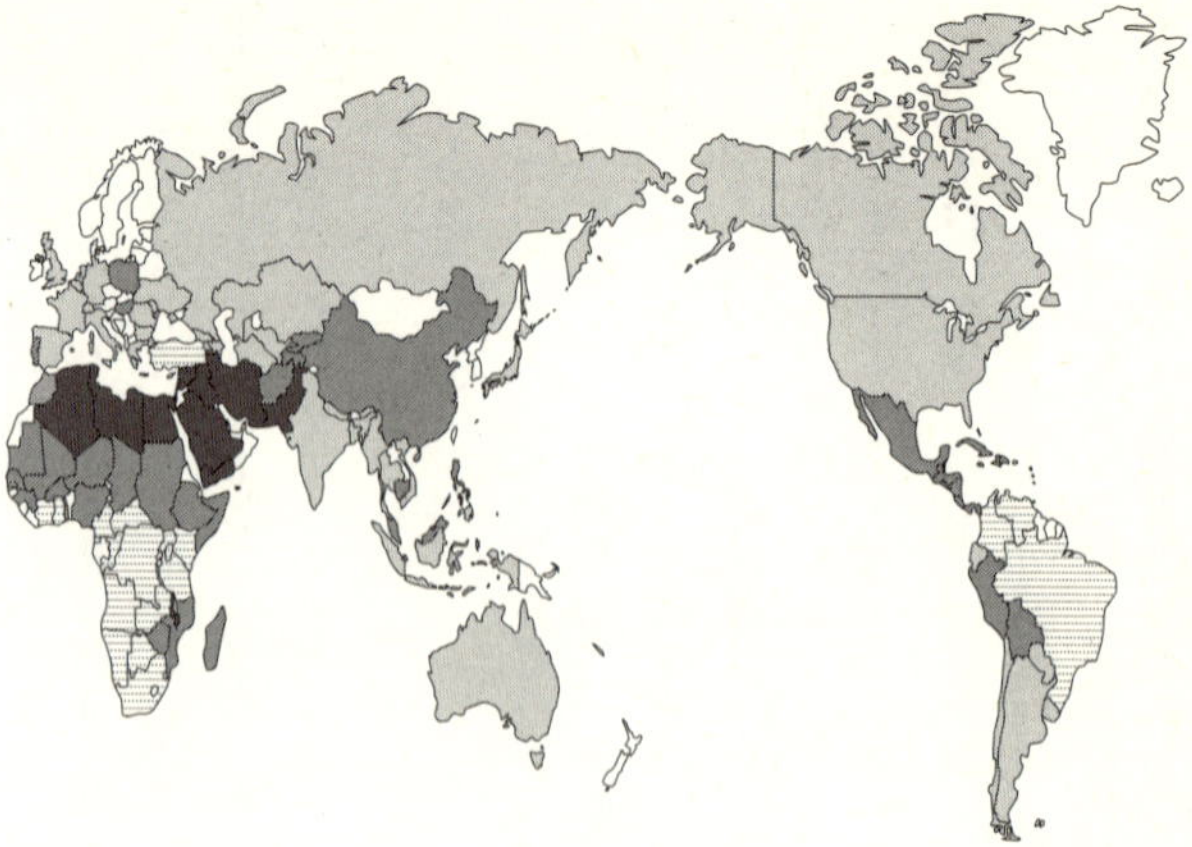

■ 極度の水不足　▤ 経済的理由の水不足　■ 軽度の水不足
■ 水不足の心配なし　□ 不明

図8-13　水不足の予測

IWMIによる

また、これまで水がないとされてきた月にも、現在では、月の南極地方にある巨大なクレーターの底に氷が存在していることがわかっています。

月や火星に基地を建設する際には、基地内の排水のリサイクルはもちろん、こうした地下の氷を溶かして飲用水にすることになるでしょう。

不安な水資源の将来

地球は全体として見れば水に恵まれた惑星です。しかし人間が利用できる水量は、浅層の地下水、湖沼水のおよそ半量と河川水に限られていて、地球上の総水量のわずかに〇・〇四パーセントにすぎません。

将来の地球資源の中でも、水資源の

量と質に関しては、とくに途上国で深刻になると予測されています（図8―13）。

すでにそれぞれの国の農業、工業の用水はもとより、人々の健康を脅かす水不足および水汚染が発生しています。地球上の総人口約六〇億人のうち、途上国の約一〇億人が清潔な飲料水を飲めず、毎年約一〇〇〇万人の命が奪われていると推定されています。

また、二一世紀半ばには全世界の人口が一〇〇億人前後になると予想されていますが、増加する人口の大部分は途上国で、そのための新たな水資源の確保は困難です。河川や湖沼の水資源開発も、環境問題や資金不足に悩んでおり、頼みの地下水も、すでに世界各地で地下水位低下や水質悪化に悩んでいます。

また北アフリカから中近東にかけての、砂漠または半砂漠地帯でも人口の急増が見込まれていますが、この地域での水資源の頼みの大河川は、ほとんどが複数の国を通って流れる国際河川です。そのため今後、河川の水をめぐって国際紛争の恐れがあり、国際間の調整が必須となります。調整にあたっては、水資源に関する科学的基礎資料を国際間で整備する必要があり、一九九〇年代以降、ユネスコをはじめ各機関によって、水循環にかかわるグローバルな観測、調査研究が活発に行われています。

ちなみに国土交通省がまとめた『日本の水資源』（二〇〇二年版）によれば、わが国では食料品や工業製品という形で、年間約四〇〇億立方メートルもの水を輸入しています。地球の水資源の将来は、日本にとっても深刻な影響があることなのです。

<ね・の>

<は>

<ひ>

<ふ>

<へ・ほ>

さくいん

・執筆者リスト

岡田誠之（編集委員長・東北文化学園大学・技術士・工学博士）／小川幸正（編集委員・大林組・技術士）／小坂信二（編集委員・小坂技術士事務所・技術士・建築設備士）／矢野一好（編集委員・東京都立衛生研究所・保健学博士）／山田賢次（編集委員・西原衛生工業所・技術士・建築設備士）／吉野常夫（編集委員・北里大学・技術士・学術博士）／大澤武彦（竹中工務店）／木村美智子（東北文化学園大学・学術博士）／斎藤充平（北里大学）／鈴木隆幸（荏原製作所・技術士）／藤井哲雄（コロージョン・テック・工学博士）／前島健（森村設計・技術士・建築設備士）

・社団法人　建築設備技術者協会の連絡先

〒１０８-００７３　東京都港区三田三-三-八　サンフィールド11ビル
電　話　〇三-三四五六-六六四一
ファックス　〇三-三四五六-一六二三
ＵＲＬ　http://www.jabmee.or.jp

N.D.C.518　229p　18cm

ブルーバックス　B-1379

小事典　暮らしの水

飲む、使う、捨てる水についての基礎知識

2002年 8 月20日　第 1 刷発行

編者　建築設備技術者協会
発行者　野間佐和子
発行所　株式会社講談社
〒112-8001 東京都文京区音羽2-12-21
電話　出版部　03-5395-3524
販売部　03-5395-5817
業務部　03-5395-3615
印刷所　(本文印刷) 慶昌堂印刷 株式会社
(カバー表紙印刷) 信毎書籍印刷 株式会社
本文データ制作　講談社プリプレス制作部 (C)
製本所　有限会社中澤製本所

定価はカバーに表示してあります。

ISBN4−06−257379−2

発刊のことば

科学をあなたのポケットに

二十世紀最大の特色は、それが科学時代であるということです。科学は日に日に進歩を続け、止まるところを知りません。ひと昔前の夢物語もどんどん現実化しており、今やわれわれの生活のすべてが、科学によってゆり動かされているといっても過言ではないでしょう。

そのような背景を考えれば、学者や学生はもちろん、産業人も、セールスマンも、ジャーナリストも、家庭の主婦も、みんなが科学を知らなければ、時代の流れに逆らうことになるでしょう。

ブルーバックス発刊の意義と必然性はそこにあります。このシリーズは、読む人に科学的に物を考える習慣と、科学的に物を見る目を養っていただくことを最大の目標にしています。そのためには、単に原理や法則の解説に終始するのではなくて、政治や経済など、社会科学や人文科学にも関連させて、広い視野から問題を追究していきます。科学はむずかしいという先入観を改める表現と構成、それも類書にないブルーバックスの特色であると信じます。

一九六三年九月

野間省一